高等职业教育旅游类专业新形态教材

茶艺项目化教程

主　编　吴　曦　王　辉　裴玉昌
副主编　吴云丽　梁　彬　孙小博
　　　　黄缨焱

北京理工大学出版社
BEIJING INSTITUTE OF TECHNOLOGY PRESS

版权专有　侵权必究

图书在版编目（CIP）数据

茶艺项目化教程/吴曦，王辉，裴玉昌主编 . —北京：北京理工大学出版社，2018.7（2024.8 重印）

ISBN 978 - 7 - 5682 - 5146 - 4

Ⅰ.①茶…　Ⅱ.①吴…②王…③裴…　Ⅲ.①茶文化 - 高等学校 - 教材　Ⅳ.①TS971.21

中国版本图书馆 CIP 数据核字（2018）第 006534 号

责任编辑：龙　微　　　　**文案编辑**：龙　微
责任校对：周瑞红　　　　**责任印制**：李志强

出版发行 /	北京理工大学出版社有限责任公司
社　　址 /	北京市丰台区四合庄路 6 号
邮　　编 /	100070
电　　话 /	（010）68914026（教材售后服务热线）
	（010）68944437（课件资源服务热线）
网　　址 /	http：//www.bitpress.com.cn
版 印 次 /	2024 年 8 月第 1 版第 7 次印刷
印　　刷 /	北京虎彩文化传播有限公司
开　　本 /	787 mm×1092 mm　1/16
印　　张 /	9.5
字　　数 /	224 千字
定　　价 /	32.00 元

图书出现印装质量问题，请拨打售后服务热线，负责调换

前　言

党的二十大报告指出："中华优秀传统文化源远流长、博大精深，是中华文明的智慧结晶，其中蕴含的天下为公、民为邦本、为政以德、革故鼎新、任人唯贤、天人合一、自强不息、厚德载物、讲信修睦、亲仁善邻等，是中国人民在长期生产生活中积累的宇宙观、天下观、社会观、道德观的重要体现，同科学社会主义价值观主张具有高度契合性。"茶文化是中国传统优秀文化的重要组成部分，茶之为美，是民生产业、绿色环保产业、健康生命产业。以茶为媒，传播中华茶文化，是我们每位中国人的的神圣使命。

所谓茶艺学，是使人们对茶艺的认识理论化、系统化的观念体系，是研究茶艺的科学。它包含了茶文化与茶艺的历史和文化特征。其研究范围包括茶艺与现实的关系、茶艺本性、茶艺思维、茶艺语言、茶艺审美心理、茶艺审美特性和审美规律以及茶艺与其他类艺术的关系等。

茶艺的具体内容包括了茶艺技术、茶艺礼法和茶艺思想三个部分。其中，茶艺技术是指茶艺的技术和工艺，茶艺礼法是指茶艺演示过程中的礼仪和规范，茶艺思想是指茶艺表演或操作过程中所包含的思想精神。所以，技术和礼法是属于形式部分，思想是属于精神部分。总之，茶艺是一门新的学科，它包含茶文化知识、茶艺技巧与艺术、茶艺思想等部分，是一门综合的学科。

本书以项目化的教学模式，以情境导入和任务驱动的方式详细地介绍茶艺的起源与发展，茶的加工与分类，茶的品质评品方法，茶艺表演礼仪及茶艺表演欣赏、评价等内容，旨在帮助高等学校广大学生学习茶艺、了解我国优秀传统文化，提高大学生文化素养，进而为推动我国茶艺文化事业的发展以及进行国内外文化交流奠定基础。

本书共分五个情境，每个情境下设置若干工作任务，每个工作任务下详细介绍了任务导入、任务分析、任务实施、综合测评（配有考核方式）、知识链接，是一本适用于职业院校教学的新型教材。

本书的主编为吉林电子信息职业技术学院教师吴曦、王辉、裴玉昌，副主编为吉林电子信息职业技术学院教师吴洪亮，吉林电子信息职业技术学院教师刘丹丹和北化大学附属医院护士吴冬，广西经贸职业技术学院黄缨焱。此外，本书还得到了吉林省其他兄弟院校的大力支持，在此表示感谢。

目 录

情境一 茶及茶文化基础 ……………………………………………………（1）
 实训目的 ……………………………………………………………………（1）
 知识背景 ……………………………………………………………………（1）
 情境导入 ……………………………………………………………………（1）
 工作任务一 茶之印象 ……………………………………………………（1）
  任务导入 …………………………………………………………………（1）
  任务分析 …………………………………………………………………（2）
  任务实施 …………………………………………………………………（2）
  综合测评 …………………………………………………………………（2）
  知识链接 …………………………………………………………………（3）
 工作任务二 茶文化的起源和发展 ………………………………………（6）
  任务导入 …………………………………………………………………（6）
  任务分析 …………………………………………………………………（7）
  任务实施 …………………………………………………………………（7）
  综合测评 …………………………………………………………………（7）
  知识链接 …………………………………………………………………（8）
 工作任务三 饮茶与健康 …………………………………………………（14）
  任务导入 …………………………………………………………………（14）
  任务分析 …………………………………………………………………（14）
  任务实施 …………………………………………………………………（14）
  综合测评 …………………………………………………………………（14）
  知识链接 …………………………………………………………………（15）

情境二 茶艺服务礼仪 ………………………………………………………（21）
 实训目的 ……………………………………………………………………（21）
 知识背景 ……………………………………………………………………（21）
 情境导入 ……………………………………………………………………（21）

工作任务一　茶艺师形象礼仪 ………………………………………………（22）
　　任务导入 ……………………………………………………………（22）
　　任务分析 ……………………………………………………………（22）
　　任务实施 ……………………………………………………………（22）
　　综合测评 ……………………………………………………………（22）
　　知识链接 ……………………………………………………………（24）
工作任务二　茶艺师服务礼仪 ………………………………………………（31）
　　任务导入 ……………………………………………………………（31）
　　任务分析 ……………………………………………………………（31）
　　任务实施 ……………………………………………………………（32）
　　综合测评 ……………………………………………………………（32）
　　知识链接 ……………………………………………………………（34）

情境三　茶叶的品鉴 ………………………………………………（42）

实训目的 ………………………………………………………………………（42）
知识背景 ………………………………………………………………………（42）
情境导入 ………………………………………………………………………（42）
工作任务一　绿茶的品鉴 ……………………………………………………（42）
　　任务导入 ……………………………………………………………（42）
　　任务分析 ……………………………………………………………（42）
　　任务实施 ……………………………………………………………（43）
　　综合测评 ……………………………………………………………（43）
　　知识链接 ……………………………………………………………（45）
工作任务二　红茶的品鉴 ……………………………………………………（46）
　　任务导入 ……………………………………………………………（46）
　　任务分析 ……………………………………………………………（47）
　　任务实施 ……………………………………………………………（47）
　　综合测评 ……………………………………………………………（47）
　　知识链接 ……………………………………………………………（49）
工作任务三　黄茶的品鉴 ……………………………………………………（50）
　　任务导入 ……………………………………………………………（50）
　　任务分析 ……………………………………………………………（50）
　　任务实施 ……………………………………………………………（50）
　　综合测评 ……………………………………………………………（51）
　　知识链接 ……………………………………………………………（52）
工作任务四　白茶的品鉴 ……………………………………………………（53）
　　任务导入 ……………………………………………………………（53）
　　任务分析 ……………………………………………………………（53）
　　任务实施 ……………………………………………………………（54）
　　综合测评 ……………………………………………………………（54）

知识链接 …………………………………………………………………（55）
　工作任务五　乌龙茶的品鉴 ……………………………………………（56）
　　任务导入 …………………………………………………………………（56）
　　任务分析 …………………………………………………………………（56）
　　任务实施 …………………………………………………………………（56）
　　综合测评 …………………………………………………………………（57）
　　知识链接 …………………………………………………………………（58）
　工作任务六　黑茶的品鉴 ………………………………………………（59）
　　任务导入 …………………………………………………………………（59）
　　任务分析 …………………………………………………………………（59）
　　任务实施 …………………………………………………………………（59）
　　综合测评 …………………………………………………………………（60）
　　知识链接 …………………………………………………………………（61）
　工作任务七　花茶的品鉴 ………………………………………………（63）
　　任务导入 …………………………………………………………………（63）
　　任务分析 …………………………………………………………………（63）
　　任务实施 …………………………………………………………………（63）
　　综合测评 …………………………………………………………………（64）
　　知识链接 …………………………………………………………………（65）

情境四　茶艺用具的选择 …………………………………………………（67）
　实训目的 ……………………………………………………………………（67）
　知识背景 ……………………………………………………………………（67）
　情境导入 ……………………………………………………………………（67）
　工作任务一　泡茶器具的选择 …………………………………………（67）
　　任务导入 …………………………………………………………………（67）
　　任务分析 …………………………………………………………………（67）
　　任务实施 …………………………………………………………………（68）
　　综合测评 …………………………………………………………………（68）
　　知识链接 …………………………………………………………………（69）
　工作任务二　紫砂茶具赏析 ……………………………………………（72）
　　任务导入 …………………………………………………………………（72）
　　任务分析 …………………………………………………………………（72）
　　任务实施 …………………………………………………………………（72）
　　综合测评 …………………………………………………………………（73）
　　知识链接 …………………………………………………………………（73）

情境五　名茶茶艺赏析 ……………………………………………………（80）
　实训目的 ……………………………………………………………………（80）
　知识背景 ……………………………………………………………………（80）
　情境导入 ……………………………………………………………………（80）

工作任务一　绿茶茶艺赏析 ……………………………………………………（80）
　　任务导入 ………………………………………………………………（80）
　　任务分析 ………………………………………………………………（81）
　　任务实施 ………………………………………………………………（81）
　　综合测评 ………………………………………………………………（81）
　　知识链接 ………………………………………………………………（83）
工作任务二　红茶茶艺赏析 ……………………………………………………（86）
　　任务导入 ………………………………………………………………（86）
　　任务分析 ………………………………………………………………（87）
　　任务实施 ………………………………………………………………（87）
　　综合测评 ………………………………………………………………（87）
　　知识链接 ………………………………………………………………（89）
工作任务三　乌龙茶茶艺赏析 …………………………………………………（92）
　　任务导入 ………………………………………………………………（92）
　　任务分析 ………………………………………………………………（92）
　　任务实施 ………………………………………………………………（92）
　　综合测评 ………………………………………………………………（93）
　　知识链接 ………………………………………………………………（95）
工作任务四　白茶、黄茶茶艺赏析 ……………………………………………（97）
　　任务导入 ………………………………………………………………（97）
　　任务分析 ………………………………………………………………（97）
　　任务实施 ………………………………………………………………（98）
　　综合测评 ………………………………………………………………（98）
　　知识链接 ………………………………………………………………（101）
工作任务五　黑茶茶艺赏析 ……………………………………………………（102）
　　任务导入 ………………………………………………………………（102）
　　任务分析 ………………………………………………………………（102）
　　任务实施 ………………………………………………………………（102）
　　综合测评 ………………………………………………………………（103）
　　知识链接 ………………………………………………………………（105）

附录一　茶艺师国家职业资格标准 …………………………………………（107）

附录二　茶艺师考试复习题 …………………………………………………（114）

参考文献 ………………………………………………………………………（142）

情境一

茶及茶文化基础

实训目的

通过本情境的学习，了解茶的发现与利用；了解茶文化的起源与发展；初步理解茶道、茶文化、茶艺的内涵；简单了解与茶相关的传说、典故、习俗等茶文化知识；知道茶树的类型、生长环境，我国主要的产茶区；掌握茶叶的分类、储藏与保管；了解饮茶与健康方面的知识。

知识背景

中国人最早发现并利用了茶叶，并将其传向了世界。如今，茶已经成为风靡世界的三大软饮料之一。茶文化是中国历史文化的重要组成部分，我国不同时期、不同民族都拥有不同的饮茶文化和习俗。本情境介绍了有关茶叶的基础知识，我国茶文化的发展简史，以及饮茶与人类健康的关系。

情境导入

"五一黄金周"，刘夏和几位朋友相约去云南旅游。除了欣赏当地的美景之外，旅途中，他们还体验到了热情好客的白族人为他们奉上的三道茶。刘夏和朋友们目睹了三道茶的制作过程，这和他们平时将茶冲泡后即饮的方式有所不同。经过品尝，他们对三道茶大加赞赏。

我国不同民族的饮茶习俗会各不相同吗？各兄弟民族青睐的茶饮是什么呢？

工作任务一 茶之印象

任务导入

学生刘夏今天上午接到一个高中同学的电话，问她下午是否有时间，想要约她一起去逛街。刘夏说："不行，我下午要上茶艺课。"她的同学就问刘夏："什么是茶艺啊？就是去喝茶吗？"如果你是刘夏，你应该怎么回答这位同学的问题？

任务分析

通过资料收集，了解茶艺的基本概念、茶艺学研究的内容，了解茶艺的起源，了解茶艺的发展简史、学习茶艺的意义。

任务实施

1. 资料收集

（1）茶艺的基本概念。

（2）茶艺学研究的内容。

（3）茶艺的起源。

2. 计划分工

（1）如何进行人员分工？

（2）完成任务的时间如何安排？

（3）资料收集需要哪些方法与途径？

3. 任务实施

（1）进行资料汇总。

（2）分析资料。

（3）书写汇总报告。

（4）分组对结果进行汇报。

4. 任务检查

（1）所收集的资料是否真实、客观、全面？

（2）汇总报告格式是否规范、内容是否准确？

综合测评

专业：　　　　　　班级：　　　　　　学号：　　　　　　姓名：

考评项目		自我评估	小组评估	教师评估
团队合作 30 分	沟通能力 15 分			
	协作精神 15 分			
工作成果评定 40 分	任务方案 10 分			
	实施过程 10 分			
	工具使用 10 分			
	完成情况 10 分			
工作态度 20 分	工作纪律 5 分			
	敬业精神 5 分			
	有责任心 10 分			

续表

考评项目		自我评估	小组评估	教师评估
工作创新 10 分	角色认知 5 分			
	创新精神 5 分			
综合评定 100 分				

考核时间：　　年　月　日　　　　　　　　　考评教师（签名）：

知识链接

一、茶艺的含义

茶艺包括茶叶品评技法和艺术操作手段以及对品茗美好环境营造的整个过程。其过程体现形式和精神的相互统一。就形式而言，茶艺包括：选茗、择水、烹茶技术、茶具艺术、环境的选择营造等一系列内容。品茶，先要选择茶具，讲究壶与杯的或古朴雅致，或豪华高贵。另外，品茶还要讲究人品与环境的协调，文人雅士讲究清幽静雅，达官贵族追求豪华高贵等。一般传统的品茶环境，要求多是风清、月明、松吟、竹韵、梅开、雪霁等种种妙趣和意境。总之，茶艺是形式和精神的完美结合，其中包含着美学观点和人的精神寄托。在茶艺当中，既包含着中国古代朴素的辩证唯物主义思想，又包含着人们主观的审美情趣和精神寄托。

茶之印象

关于狭义的茶艺，范增平定义为"研究如何泡好一壶茶的技艺，和如何享用一杯茶的艺术"；丁以寿认为，"所谓茶艺，是指备器、造水、取火、候汤、习茶的一套技艺"；蔡荣章认为，"茶艺是指饮茶的艺术"；而余悦在他的《茶韵》一书中提出了"茶艺"含义的几个观点：一是茶艺的范围应界定在泡茶和饮茶范畴，种茶、卖茶和其他方面的用茶都不包括在此行列之内；二是指茶艺（包括泡茶和饮茶）的技巧。这里所说的泡茶技巧，实际上包括茶叶的识别、茶具的选择、泡茶用水的选择等。茶艺的技术是指茶艺的技巧和工艺，包括茶艺术表演的程序、动作要领、讲解的内容，茶叶色、香、味、形的欣赏。茶艺属于生活美学、休闲美学的领域，包括环境的美、水质的美、茶叶的美、茶器的美、泡茶者的艺术之美。

广义的茶艺指茶叶生产、经营、品饮全过程涉及的技术，也有人将其称为"艺茶"。这一界定，其范畴几乎与"茶学"同等，即研究茶的科学和技术。狭义的茶艺则指"泡茶和饮茶技艺及其相关的艺术表现"。一般认为，茶学是研究茶叶生产、茶叶贸易、茶的功能与利用以及茶的饮品、消费的综合性学科，而茶文化和茶艺是茶学领域的一部分。"茶艺"一词的出现，是用以区别日本茶道的，而日本茶道并不涵盖种茶、制茶和茶的贸易范畴。而且，将茶艺等同于茶学，容易引起人们对茶学的误解，不利于茶学学科的发展。

小阅读　　　　　　　　**如何正确理解茶艺的内容**

1. 简单地说，茶艺是茶和艺的有机结合，是泡茶技巧和饮茶技巧的体现。茶艺是茶人把人们日常饮茶的习惯，通过艺术加工，向饮茶者和宾客展现茶的品饮过程中选茶、备具、冲泡、品饮、鉴赏等的技巧，并把日常的泡茶饮茶技巧引向艺术化，提升品茶的境界，赋予茶以更强的灵性和美感。

2. 茶艺是一种文化。茶艺在融合中华民族优秀文化的基础上又广泛吸收和借鉴了其他艺术形式，并扩展到文学、艺术等领域，形成了具有浓厚民族特色的中华茶文化。

3. 茶艺是一种具有思想性和精神性的茶事活动艺术。所谓具有思想性和精神性，是指茶艺过程中所贯彻的思想和精神，如在茶艺表演过程中，要尊重自然规律，崇尚淳朴的审美情趣；在程序上，要顺应茶理，合乎泡茶原理，灵活掌握泡茶的环节；而在品茶过程中，进入内心的修养过程，感悟人生的酸甜苦辣，使心灵得到净化。

4. 要展现茶艺的魅力，还需要借助于人物、道具、舞台、灯光、音响、字画、花草等的密切配合及合理编排，给饮茶人以高尚、美好的享受，给表演带来活力。

二、茶艺的分类

茶艺，顾名思义，茶应该是主体。由于茶树品种和茶叶加工方法的不同，不同茶类具有不同的特性，因而要求使用不同的烹茶器具和烹茶方法。虽然茶类众多，但都可分别归入六大茶类之中。在某一茶类中，如绿茶类，除了炒青、烘青和蒸青以外，各地还有众多的名优茶，不同绿茶名优茶在泡饮上会有不同的方式，但基本要求是一致的，无论以何种泡饮法，都是为了更好地保持"清汤绿叶"。因此，所谓"艺"应该是以"茶"为中心而定制的。不同地区、不同民族对于茶类都有一定的要求，广东、福建和台湾普遍饮用乌龙茶，江南一带多饮绿茶，华北地区则偏向于饮用茉莉花茶，蒙古族和藏族人民喜爱黑茶。按茶类划分茶艺种类，既体现了茶饮技艺，也在一定程度上反映了民族和地区特点。所以，按茶类划分茶艺种类比较科学，容易为大多数人所接受。因此，可以将现有茶艺分为绿茶茶艺、红茶茶艺、黄茶茶艺、白茶茶艺、乌龙茶茶艺、黑茶茶艺，共六大类。

由于不同茶类的烹茶用具和烹茶技艺有相似性，因此也可将茶类、用具和烹茶技术三者综合起来，分为工夫茶艺、壶泡茶艺、盖杯泡茶艺、玻璃杯泡茶艺、工夫法茶艺五类。

工夫茶艺又可分为武夷工夫茶艺、武夷变式工夫茶艺、台湾工夫茶艺、台湾变式工夫茶艺。武夷工夫茶艺是指源于武夷山的青茶小壶单杯泡法茶艺；武夷变式工夫茶艺是指用盖杯代替茶壶的单杯泡法茶艺；台湾工夫茶艺是指小壶双杯泡法茶艺；台湾变式工夫茶艺是指用盖杯代替茶壶的双杯泡法茶艺。

壶泡茶艺又可分为绿茶壶泡茶艺、红茶壶泡茶艺等。

盖杯泡茶艺又可分为绿茶盖杯泡茶艺、红茶盖杯泡茶艺、花茶盖杯泡茶艺等。

玻璃杯泡茶艺又可分为绿茶玻璃杯泡茶艺、黄茶玻璃杯泡茶艺等。

工夫法茶艺又可分为绿茶工夫法茶艺、红茶工夫法茶艺、花茶工夫法茶艺。

以人为主体，可分为宫廷茶艺、文士茶艺、宗教茶艺、民俗茶艺。

中国茶艺按照茶艺的表现形式分类可分为四大类：表演型茶艺、潮汕茶艺、待客型茶艺、营销型茶艺。

表演型茶艺是指一个或多个茶艺师为众人演示泡茶技巧。表演型茶艺重在视觉观赏价值，同时也注重听觉享受。它要求源于生活，高于生活，可借助舞台表现艺术的一切手段来提升茶艺的艺术感染力。

潮汕茶艺的主要功能是聚焦传媒，吸引大众，宣传普及茶文化，推广茶知识。这种茶艺的特点是适用于大型聚会、节庆活动，与影视网络传媒结合，能起到宣传茶文化及祖国传统文化的良好效果。

待客型茶艺是指由一名主泡茶艺师与客人围桌而坐，一同赏茶鉴水、闻香品茗。在场的每一个人都是茶艺的参与者，而非旁观者，每一个人都直接参与茶艺美的创作与体验，都能充分领略到茶的色香味韵，也都可以自由交流情感、切磋茶艺以及探讨茶道精神和人生奥秘。这种类型的茶艺最适用于茶艺馆、机关、企事业单位及普通家庭。修习这类茶艺时，切忌带上表演型茶艺的色彩。讲话和动作都不可矫揉造作，服饰化妆不可过浓过艳，表情最忌夸张，一定要像主人接待亲朋好友一样亲切自然。这类茶艺要求茶艺师能边泡茶，边讲解，客人可以自由发问，随意插话，所以要求茶艺师具备比较丰富的茶艺知识和较好地与客人沟通的能力。

营销型茶艺是指通过茶艺来促销茶叶、茶具、茶文化。这类茶艺是最受茶厂、茶庄、茶馆欢迎的一种茶艺。演示这类茶艺，一般要选用审评杯或三才杯（盖碗），以便最直观地向客人展示茶性。这种茶艺没有固定的程序和解说词，而是要求茶艺师在充分了解茶性的基础上，因人而异，看人泡茶，看人讲茶。看人泡茶，是指根据客人的年龄、性别、生活地域冲泡出最适合客人的茶，展示出茶叶商品的保障因素（如茶的色、香、味、韵）。看人讲茶，是指根据客人的文化程度、兴趣爱好，巧妙地介绍好茶的魅力因素（如名贵度、知名度、珍稀度、保健功效及文化内涵等），以激发客人的购买欲望，产生"即兴购买"的冲动，甚至"惠顾购买"的心理。营销型茶艺要求茶艺师诚恳自信，有亲和力，并具备丰富的茶叶商品知识和高明的营销技巧。

养生型茶艺包括传统养生茶艺和现代养生茶艺。传统养生茶艺是指在深刻理解中国茶道精神的基础上，结合中国佛教、道教的养生功法，如调身、调心、调息、调食、调睡眠、打坐、入静或气功导引等功法，使人们在修习这种茶艺时以茶养身，以道养心，修身养性，延年益寿。现代养身茶艺是指根据现代中医学最新研究成果，根据不同花、果、香料、草药的性味特点，调制出适合自己身体状况和口味的养生茶。现代养生茶艺提倡自泡、自斟、自饮、自得其乐，这种茶艺越来越受茶人的欢迎。

三、茶艺的特性

茶艺包含作为载体的茶和使用茶的人因茶而有的各种观念形态两个方面，它就必然具有其物质属性和精神属性两个方面的形式与内涵。作为一种文化现象，它具有以下四个特性：

（一）文质并重，尤重意境

孔子有言："质胜文则野，文胜质则史。"也就是说，没有合乎礼仪的外在形式（包括服饰），就像个粗俗的凡夫野人；如果只有美好的合乎礼仪的外在形式，掌握了一种符合进退俯仰、给人以庄严肃穆的美感的动作（包括特装礼仪），而缺乏"仁"的品质，那么包括服饰在内的任何外在虚饰都只能使人感到其为人的浮夸。这点恰与茶艺的内涵不谋而合。一次完整高品质的茶艺，应该在各个方面都是优秀的。这包括茶、水、境、器、人、艺与礼仪规范等，这些缺一不可。若有一方残缺，便称不上是一次完整的、高品质的茶艺活动。而意境又尤为关键，以茶会意，情景交融。将茶艺由沏泡手法表演，上升到美学境界，达到心会神合，才是意境精髓之所在。

（二）百花齐放，不拘一格

随着历史的发展，茶艺演变出不同的类型。

宫廷茶艺是帝王为敬神祭祖或宴赐百官进行的茶艺。如唐代的清明茶宴、清代的千叟茶宴等，其特点是场面宏大、礼仪烦琐、气氛庄严、器具奢华、等级森严。

儒士茶艺是历代文人雅士在品茗斗茶中形成的茶艺。如颜真卿等名士月下连茶联、宋代文人斗茶时的点茶法等，其特点是文化厚重、意境独特、茶具典雅、形式多样、气氛愉悦，常与赏花、玩月、抚琴、吟诗、联句、叙谈、踏青、题字、作画等相结合。

民族茶艺是各民族在长期茶事活动中创造的富有乡土气息和民族韵味的茶艺形式。如藏族的酥油茶、蒙古族的奶茶、白族的三道茶。

宗教茶艺是僧人羽士在以茶礼佛、祭神、修道、待客、养性等过程中形成的多种茶艺形式。如禅茶茶艺、太极茶艺等。

这些不同的加工工艺和冲泡方式，无疑为中国茶艺增添了更加生动别致的一笔。

而现今按照茶品分的话，我国茶品有八个大类，其中名品更是数不胜数，每种茶都有自己独特的气味与芳香，这就更需要不同的茶艺手法才能将其特质更好地展现出来了。

（三）道法自然，崇静尚简

中国茶道经历漫长岁月之后，归于自然质朴，力求物我合一。

茶人在饮茶、制茶、烹茶、点茶时的身体语言和规范动作中，在特定的环境气氛中，享受着人与大自然的和谐之美，没有嘈杂的喧哗，没有人世的纷争，只有鸟语花香、溪水、流云和悠扬的古琴声，茶人的精神得到一种升华，这一点恰与茶艺中的"境之美"相符合。以"自然"之境，来衬托精神之"道"。而这种"自然"也不仅仅是指代自然环境，也有随心而至、随性而至，无繁文缛节的意思，保持纯良的心性和自然超脱的态度，才是"道"之所在。

陆羽在《茶经》中提倡饮茶应"精行俭德"，在品味茶韵时自我修养、磨炼心性、陶冶情操。茶具的朴实也说明了茶人们反对追求奢华，希望物尽其用、人尽其才。可以说中国茶道是一种艺（茶、烹茶、品茶之术）和道（精神）的完美结合。光有"艺"，只能是有形而无神；光有"道"，只能是有神而无形。所以说，没有一定文化修养和良好品德的人是无法融入茶道所提倡的精神之中的。

（四）注重内省，追求怡真

"内省"，即在内心省察自己的思想、言行有无过火。儒家自孔子开始便很注重这种内心的道德修养。曾子要求人们"内省""自反"。孟子的"内省"修养名为"存心"，也叫"求放心"。茶饮具有清新、雅逸的天然特性，能静心、静神，有助于陶冶情操、去除杂念、修炼身心，这与提倡"清静、恬淡"的东方哲学思想很合拍，也符合佛道习俗的"内省修行"思想。

"怡"，有和悦之意。饮茶啜苦咽甘，启发生活情趣，培养宽阔胸襟与远大眼光，使人我之间的纷争消弭于无形，此为"和"；怡悦的精神，在于不矫饰自负，处身于温和之中，养成谦恭之行为。

"真"，真理、真知、真实之意。至善即是真理与众知结合的总体。至善的境界，是存天性，去物欲，不为利害所诱，格物致知，精益求精。换言之，就是用科学方法，求得一切事物的至诚。饮茶之真谛，在启发智能与良知，使人在日常生活中淡泊明志，俭德行事，臻于真、善、美的境界。

工作任务二　茶文化的起源和发展

任务导入

刘夏在印象茶楼实习，今天上班时，她听到了两位客人聊天，女士A说："喝茶最好了，可以美容减肥，你说日本人真聪明，能够发现这么好的茶叶。"女士 B 反驳道："才不对呢，茶叶最早产自中国，是中国人最早发现的茶树。不信你问问茶艺师。"如果你是刘夏，你该怎么样回答客人的问题呢？

任务分析

通过资料收集，了解茶树的起源与原产地、茶的发现与最初利用、茶文化的兴起、茶文化的国内外传播，以及我国茶区分布的情况。

任务实施

1. 资料收集
（1）茶树的起源与原产地。
（2）茶的发现与最初利用。
（3）茶文化兴起与国内外传播。
（4）我国茶区的分布。

2. 计划分工
（1）如何进行人员分工？
（2）完成任务的时间如何安排？
（3）资料收集需要哪些方法与途径？

3. 任务实施
（1）进行资料汇总。
（2）分析资料。
（3）书写汇总报告。
（4）分组对结果进行汇报。

4. 任务检查
（1）所收集的资料是否真实、客观、全面？
（2）汇总报告格式是否规范、内容是否准确？

综合测评

专业：　　　　　　班级：　　　　　　学号：　　　　　　姓名：

考评项目		自我评估	小组评估	教师评估
团队合作30分	沟通能力15分			
	协作精神15分			
工作成果评定40分	任务方案10分			
	实施过程10分			
	工具使用10分			
	完成情况10分			

续表

考评项目		自我评估	小组评估	教师评估
工作态度20分	工作纪律5分			
	敬业精神5分			
	有责任心10分			
工作创新10分	角色认知5分			
	创新精神5分			
综合评定100分				

考核时间：　　年　月　日　　　　　考评教师（签名）：

知识链接

一、茶树的起源和原产地

我国是世界上最早发现茶树和利用茶树的国家。瑞典科学家林奈（Carl von Linne）在1753年出版的《植物种志》中就将茶树的最初学名定为Theasinensis L.，后又定为Camellia sinensis L.，"sinensis"是拉丁文"中国"的意思。在植物分类系统中，茶树属被子植物门（Angiospermae）、双子叶植物纲（Dicotyledoneae）、原始花被亚纲（Archichlamydeae）、山茶目（Theales）、山茶科（Theaceae）、山茶属（Camellia）。目前，大量栽培应用的茶树的种名一般称为Camelliasinensis，也有人称为Thea sinensis，还有的称为Camellia theifera。1950年我国植物学家钱崇澍根据国际命名和茶树特性研究，确定茶树学名为Camellia sinensis（L.）O. Kuntze，迄今未再更改。

茶文化的起源和发展

在我国古代文献中称"茶，南方之嘉木也"（见唐代陆羽《茶经》）。它一次种，多年收，是一种叶用常绿木本植物，野生，乔木型茶树高可达15~30米，基部干围达1.5米以上，寿命可达数百年，以至上千年之久。目前，人们通常见到的是栽培茶树，为了多产芽叶和方便采收，往往用修剪的方法，抑制茶树纵向生长，促使茶树横向扩展，所以，树高多在0.8~1.2米之间。茶树的经济学年龄，一般为50~60年。

茶树起源问题虽然较难考证，但历史上的一些痕迹和史料却为茶树起源提供了不少佐证。随着科学技术的不断发展，研究人员逐渐取得了科学的结论和论证。大量的历史资料和近代调查研究材料，不仅能够确认中国是茶树的原产地，而且已经明确中国的西南地区，包括云南、贵州、四川是茶树原产地的中心。但对这个问题的认识是有一个过程的。

中国是世界茶叶的祖国，这从我国古今在很多地方发现野生大茶树可以得到进一步证明。在我国丰富多彩的茶树品种资源库中，有一类非人工栽培也很少采制茶叶的大茶树，俗称野生大茶树。它通常是在一定的自然条件下经过长期的演化和自然选择而生存下来的一个类群，不同于早先人工栽培后丢弃的"荒野茶"。当然，这是相比较而言的，在人类懂得栽培利用之前，茶树都是野生的。即使是现在，也还有半野生的茶树，如居住在云南省楚雄、南华等哀牢山上的彝族同胞都有去林中挖掘野茶苗栽种的习惯。如今广为栽培的景谷大白茶、勐库大叶茶、凌云白毛茶、乐昌白毛茶、海南大叶茶、崇庆枇杷茶、桐梓大茶树等早年均是野生茶树。可见，在野生茶和栽培茶之间并无绝对的界限，因此野生茶的含义应该是野生型茶树。

我国是野生大茶树发现最早、数量最多的国家。

我国野生大茶树有4个集中分布区，一是滇南、滇西南，二是滇、桂、黔毗邻区，三是滇、川、黔毗邻区，四是粤、赣、湘毗邻区，少数散见于福建、台湾和海南。其分布主要集中在30°N线以南，其中尤以25°N线附近居多，并沿着北回归线向两侧扩散，这与山茶属植物的地理分布规律是一致的。

二、茶的发现与最初利用

对于茶叶的利用起源说法不一，有的人认为茶叶始于药用，也有人认为茶叶最初是食用。还有一种观点认为茶叶最初是食用和药用同时进行。有人认为，茶由祭品而菜食，而药用，直至成为饮料。还有人认为，茶可能是作为口嚼食品，也可能作为烤煮的食物，同时也逐渐为药料饮用，归纳起来对茶的利用有如下几种说法：

（一）食用阶段

我们的祖先在发现茶树的早期，最先是把野生茶树上嫩绿的叶子当作新鲜"蔬菜"或"食物"来嚼吃的，或是纯粹当作蔬菜，或是配以必要的佐料一起食用的，这是我们祖先利用茶叶最早、最原始的方式。人们采集各种植物作为食物，那么茶叶被当作野菜食用的可能性是很大的。茶叶最早应该是生食的，其后，有了火和陶器，茶叶开始与其他食物一起进行煮食。现在我国西南少数民族仍保留着食用茶叶的习惯，如基诺族的凉拌茶、侗族的油茶。据三国魏张揖的《广雅》有关记载："……荆巴间采茶作饼。叶老者，饼成以米膏出之。欲煮茗饮，先炙其色赤，捣末置瓷器中，以汤浇覆之，用葱、姜、橘子芼之。"这就是说，当时的饮茶方法已经从直接用茶鲜叶煮作羹（粥）饮，开始转向先将制好的饼茶炙成赤色，再捣碎成茶末"置瓷器中"烧水煎煮，加上葱、姜、橘皮作佐料，调煮成"茶羹"，供人饮用。根据现有史料记载，这种以"羹饮"和"粥饮"为代表的"喝茶"方法，一直流行到唐代。

（二）药用阶段

在食用茶叶的过程中，远古先民发现茶叶具有清热、解毒的功效，随即将其药用。有关茶为药用的最早记载是出自《神农本草经》："神农尝百草，一日遇七十二毒，得荼而解之"。《神农本草经》中记载："茶叶，味苦寒……久服安心益气……轻身耐老"，"茶味苦，饮之使人益思、少卧、轻身、明目。"《神农食经》中记载："茶叶利小便，去痰热，止渴，令人少睡……""茶茗久服令人有力悦志。"西汉及西汉以后的论著对茶的药用价值的描写更为详细，这说明茶药的使用越来越广泛，也从另一方面证明茶在成为正式饮料之前，主要是作为药物。

（三）饮用与食用阶段

随着人们对茶叶的效用及其色、香、味的不断认识和利用，茶叶逐步成为人们日常生活不可缺少的一部分，更是中上流社会生活中推崇的物质与文化消费品。到西晋时期，人们不再仅仅把茶汤当作一种饮料或药汤，而是把饮茶活动当作艺术欣赏的对象或审美活动的一种载体，开始了品饮与欣赏的"饮茶"阶段。这一阶段的根本特征就是把饮茶与吃饭分开，并开始讲究煮茶与鉴茶的"技艺"。根据目前掌握的史料，关于"饮茶"阶段的起源，最早可以追溯到西晋以前。西晋诗人张载在《登成都白菟楼》中写道："芳茶冠六清，溢味播九区。"这已经是在描写对茶叶芳香和滋味的感悟了。杜育的《荈赋》除了描述茶树生长环境和茶叶采摘外，还对喝茶用水、茶具、茶汤泡沫及茶的功效等进行了描述。魏晋南北朝时期，长江以南地区开始将饮茶与吃饭分开。这可以视为茶叶"清饮法"的开端，但在饮用形式上还没有将茶渣（末）与茶汤分开，而仍沿袭着"汤渣同吃"的"羹饮法"。这一时期茶叶饮用方法的创新主要表现在两个方面：一种是"坐席竟下饮"，即饭后饮茶；另一种是王濛的"人至辄命饮之"式的客来敬茶，与吃饭已经完全无关。到唐、宋时期，"煎茶""斗茶"蔚然成风，这种茶叶与茶汤同吃的古老"羹饮法"仍然得到继承和发展。如唐宣宗十年（公元856年）杨晔的《膳夫经手录》所载："茶，古不闻食之，近晋、宋以降，吴人采其叶煮，是为茗粥。"

（四）泡饮阶段

随着茶叶加工方式的改革，我国成品茶已经由唐代的饼茶、宋代的团茶发展为明代的炒青条形散茶，因此人们饮茶时不再需要将茶叶碾成细末，只需把成品散茶放入茶盏或茶壶中直接用沸水冲泡即可饮用。这种散茶"直接冲泡法"（又称"泡茶法"或"瀹茶法"）尽管在元代已经出现，但是真正成为主流饮用方法并取代宋代点茶法，则在明太祖朱元璋废除团茶而改成进贡芽茶之后。明代"泡茶法"分为"上投法""中投法"和"下投法"三种。其中应用最多的"下投法"的基本程式是：鉴茶备具、茶铫烧水、投茶入瓯（壶或盏）、注水入瓯和奉茶品饮。这种瀹茶法演变发展成为盖碗泡法和玻璃杯泡法，一直沿用至今，并仍然是当今主流的饮茶方式之一。

三、茶文化兴起与国内外传播

中国茶文化源远流长。随着茶叶作为饮料的普及与拓展，不断地浸润着人类的心灵。随着历史的脚步，中华茶文化由内而外、由近及远地不断传播于中国大地，并泽被海外，闻名于世。茶在国内的传播途径是通过商人带到全国各地，茶的对外传播途径主要是通过来华的僧侣、使节、商人，将茶叶带往各个国家和地区。

（一）饮茶文化兴起于古代巴蜀之地

我国的饮茶起源和茶业初兴的地方是在古代巴蜀或今天四川的巴地和川东。陆羽《茶经》中记载："巴山、峡川有两人合抱者，伐而掇之。"由此可见，至唐朝中期，这一带就已经发现了野生大茶树。有人估计，二人合抱的茶树其树龄应在千年以上，应该大多都是战国以前生长的茶树。据此可以肯定，巴山、峡川，无疑是我国茶树原始分布的一个中心。

《华阳国志·巴志》："周武王伐纣，实得巴蜀之师。武王即克殷，以其宗姬封于巴，爵之以子……皆纳贡之。"这里清晰地记述：在周初亡殷以后，巴蜀一些原始部落，一度也变成了宗周的封国，当地出产的茶叶和鱼、盐、铜、铁等各物，悉数变成了纳贡之品，而且明确指出，"园有芳蒻香茗"，也就是说所有进贡的茶叶不是采之野生，而是种之园林的茶树。由此可见，在当时茶叶已经变成当地人经常饮用的植物资源。

（二）饮茶习俗的早期传播

在中国茶文化的发展历程中，三国以前以及晋代、南北朝时期应属于中国茶文化的启蒙和萌芽阶段。大量资料证实，中国西南地区，更确切地说是云南省，是世界茶树原产中心，但茶文化的起点却在四川，这是由于当时巴蜀的经济、文化要比云南发达。大约在商末周初，巴蜀人已经饮茶。公元前1066年，周武王伐纣时，巴蜀人已用所产之茶作为"纳贡"珍品；西汉初期（公元前53年），蒙顶山甘露寺普慧禅师（俗名吴理真）便开始人工种植茶树。公元4世纪末以前，由于对茶叶的崇拜，巴蜀已出现以茶命人名、以茶命地名的情况，可以说我国的巴蜀地区是人类饮茶、种茶最早的地方。到两晋、南北朝时期，江南饮茶之风盛行，而且这一时期饮茶开始进入文学和精神领域，中国最早的茶诗在这一时期出现，以西晋杜育所作的《荈赋》为代表。

汉代，茶叶贸易已粗具规模。成都一带已成为我国重大的茶叶消费中心和集散中心。当时的成都是"芳茶冠六清，溢味播九区"。成都以西的崇庆、大邑、邛崃、天全、名山、雅安、荥经等地已成为茶叶的重要产区。

西汉蜀人王褒（辞赋家）的《僮约》是反映我国古代茶业的最早记载，其中"烹茶净具""武阳买茶"两句，反映了当时饮茶已与人们生活密切相关，且富人饮茶还会用专门的茶具。

茶陵县是西汉时设置的县份。《茶陵图经》中的茶陵县因陵谷产茶而得名，表明时至西汉，茶已传播到了今湖南湖北一带。

从东汉到三国，茶叶又进一步从荆楚传播到长江下游（今安徽、浙江、江苏）等地。

三国时魏人张揖在《广雅》中提到："荆、巴间采叶作饼，叶老者，饼成以米膏出之。"这是我国最早有关制茶的记载，也表明三国时期我国所制茶叶为团饼茶。

西晋时，饮茶习俗传播到北方豪族中，南方种茶的范围和规模有了较大发展，长江中下游茶区逐渐发展起来，荆、巴茶叶也可相提并论。杜育《荈赋》中描写："灵山惟岳，奇产所钟。瞻彼卷阿，实曰夕阳。厥生荈草，弥谷被岗。"反映了西晋南方茶叶生产的繁荣景象。从《荆州土地记》记载的"武陵七县通出茶，最好"可见，晋时长江中下游地区茶叶的生产规模和茶叶品质均不亚于巴蜀。

唐朝时期，疆域广阔，注重对外交往，长安是当时的政治、文化中心。中国茶文化正是在这种大气候下形成的。中国茶文化的形成还与当时佛教的发展、科举制度、诗风大盛、贡茶的兴起和禁酒有关。唐朝陆羽自成一套的茶学、茶艺、茶道思想，及其所著的《茶经》，是一个划时代的标志。

宋朝茶文化则进一步向上向下拓展。宋朝人拓宽了茶文化的社会层面和文化形式，茶事十分兴旺，但茶艺走向繁复、琐碎、奢侈，失去了唐朝茶文化的思想精神。

元朝时，北方民族虽嗜茶，但对宋人烦琐的茶艺不耐烦。文人也无心以茶事表现自己的风流倜傥，而希望在茶中表现自己的清节，磨炼自己的意志。

由元到明中期的茶文化形式相近，一是茶艺简约化，二是茶文化精神与自然契合，以茶表现自己的苦节。晚明到清初，精细的茶文化再次出现，制茶、烹饮虽未回到宋人的烦琐，但茶风趋向纤弱，不少茶人甚至终身泡在茶里，出现了玩物丧志的倾向。

（三）茶向国外传播

1. 印度

茶叶很早就由西藏传入印度，但16世纪前，茶叶只被视为可以药用。17世纪印度沦为英国殖民地，英国东印度公司在1780年从中国引种茶叶至印度失败。19世纪中叶东印度公司从武夷山引种茶叶成功。

2. 俄国

中国茶叶最早传入俄国，据传在公元6世纪时，由回族人运销至中亚。到元代，蒙古人远征俄国，中国文化随之传入，到了明朝中国茶叶开始大量进入俄国，至清代雍正五年中俄签订互市条约，以恰克图为中心开展陆路通商贸易，茶叶就是其中主要的商品，其输出方式是将茶叶用马驮到天津，然后再用骆驼驮到恰克图。1883年后，俄国多次引进中国茶籽试图栽培茶树。1884年，索洛沃佐夫从汉口运去茶苗12000株和成箱的茶籽，在查瓦克巴统附近开辟一小茶园，从事茶树栽培和制茶。

3. 日本

中国的茶与茶文化对日本的影响最为深刻，尤其是对日本茶道的发生发展，有着十分紧密的关系。中国的茶及茶文化传入日本，主要是以浙江为通道，并以佛教传播途径而实现的。浙江名刹天台山国清寺是天台宗的发源地，径山寺是临济宗的发源地，并且浙江地处东南沿海，是唐宋元各代重要的进出口岸。自唐代至元代，日本遣使和僧人络绎不绝地来到浙江的佛教圣地修行求学，回国时，不仅带回了茶的种植知识、冲泡技艺，还带回了中国传统的茶道精神，使茶道在日本发扬光大，并形成具有日本民族特色的艺术形式和精神内涵。在遣唐使和学问僧中，与茶业文化传播有直接关系的，主要是都永忠和最澄。1168年，荣西禅师到我国天台山学习经法并在业余时间研究制茶和茶艺，回国后写了日本第一本茶书《吃茶养生记》。后又经千利休等人的发展，日本茶道大行。

4. 韩国和朝鲜

在4世纪至7世纪中叶，朝鲜半岛是高句丽、百济和新罗三国鼎立时期。在南北朝和隋唐时期，中国与百济、新罗的往来比较好频繁，经济和文化的交流关系也比较密切，特别是新罗，在唐朝有通使往来120次以上，是与唐通使往来最多的邻国之一，新罗的使节金大廉，在唐文宗太和后期，将茶籽带回国内，种于智异山下的华严寺周围，韩国的种茶历史由此开始。朝鲜《三国史纪新罗本纪》兴德王三年提到："入唐回使大廉，持茶种子来，王使植地理山。茶自善德王时有之，至于此盛焉。"至宋代时，新罗人也学习宋代的烹茶技艺。新罗在参考吸取中国茶文化的同时，还建立了自己的一套茶礼。

四、我国茶区的分布

中国茶区分布辽阔，东起东经122°的台湾地区东部海岸，西至东经95°的西藏自治区易贡，南至北纬18°的海南岛榆林，北到北纬37°的山东省荣成县，东西跨经度27°，南北跨纬度19°，包括浙江、湖南、湖北、安徽、四川、福建、云南、广东、广西、贵州、江苏、江西、陕西、河南、台湾、山东、西藏、甘肃、海南等多个省（区、市）的上千个县市，地跨中热带、边缘热带、南亚热带、中亚热带、北亚热带和暖热温带。在垂直分布上，茶树最高种植在海拔2600米的高地上，而最低仅距海平面几十米或近百米。不同地区生长着不同类型和不同品种的茶树，决定了茶叶的品质及其适制性和适应性，从而形成了一定的茶类结构。

我国茶区划分采取三个级别：一级茶区，系全国性划分，用以宏观指导；二级茶区，系由各产茶省（区）划分，进行省（区）内生产指导；三级茶区，系由各地县划分，具体指挥茶叶生产。

国家一级茶区分为4个：江北茶区、江南茶区、西南茶区、华南茶区。

（1）江北茶区位于我国长江中、下游北岸，南起长江，北至秦岭、淮河，西起大巴山，东至山东半岛，包括甘南、陕西、鄂北、豫南、皖北、苏北、鲁东南等地。江北茶区是我国最北的茶区，茶树大多为灌木型中叶种和小叶种，主产绿茶。

江北茶区年平均气温为15~16℃，冬季绝对最低气温一般为-10℃左右。年降水量较少，为700~1000毫米，且分布不匀，常使茶树受旱。江北茶区地形较复杂，土壤多属黄棕壤或棕壤，是中国南北土壤的过渡类型，不少茶区酸碱度略偏高，但少数山区，有良好的微域气候，故茶的质量亦不亚于其他茶区，如六安瓜片、信阳毛尖等。

（2）江南茶区位于我国长江中、下游南部，长江以南，大樟溪、雁石溪、梅江、连江以北，包括粤北、桂北、闽中北、湘、浙、赣、鄂南、皖南、苏南等地。浙江、湖南、江西等省和皖南、苏南、鄂南等地为中国茶叶主要产区，年产量大约占全国总产量的2/3，主产茶类有绿茶、红茶、黑茶、花茶以及品质各异的特种名茶，诸如西湖龙井、黄山毛峰、洞庭碧螺春、君山银针、庐山云雾等。

江南茶区大多处于低丘、低山地区，也有海拔1000米以上的高山，如浙江的天目山、福建的武夷山、江西的庐山、安徽的黄山等。这些地区气候四季分明，年平均气温为15~18℃，冬季气温一般在-8℃。年降水量为1400~1600毫米，春夏季雨水最多，占全年降水量的60%~80%，秋季干旱。茶区土壤主要为红壤，部分为黄壤或棕壤，少数为冲积壤。该茶区种植的茶树大多为灌木型中叶种和小叶种，以及少部分小乔木型中叶种和大叶种。江南茶区不仅是发展绿茶、乌龙茶、花茶的区域，也是我国发展名特茶的适宜区域。

（3）西南茶区位于我国西南部，米仓山、大巴山以南，红水河、南盘江、盈江以北，神农架、巫山、方斗山、武陵山以西，大渡河以东，包括黔、川、滇中北和藏东南等地。云南、贵州、四川三省以及西藏东南部是我国最古老的茶区。茶树品种资源丰富，有灌木型和小乔木型茶树，部分地区还有乔木型茶树，主产红茶、绿茶、沱茶、紧压茶和普洱茶等，是中国发展大叶种红碎茶的主要基地之一。

云贵高原为茶树原产地中心。地形复杂，大部分地区为盆地、高原，土壤类型较多。在滇中北多为赤红壤、山地红壤和棕壤；在川、黔及藏东南则以黄壤为主，有少量棕壤，土壤有机质含量一般比其他茶区丰富，土壤状况也适合茶树生长。西南茶区内同纬度地区海拔高低悬殊，气温差别很大，大部分地区均属亚热带季风气候，冬不寒冷，夏不炎热。

（4）华南茶区位于我国南部，大樟溪、雁石溪、梅江、连江、浔江、红水河、南盘江、无量山、保山、盈江以南，包括闽中南、台、粤中南、海南、桂南、滇南等地。广东、广西、福建、台湾、海南等省（区）为中国最适宜茶树生长的地区。华南茶区内有乔木、小乔木、灌木等各种类型的茶树品种，茶资源极为丰富，生产红茶、乌龙茶、花茶、白茶和六堡茶等，所产大叶种红碎茶，茶汤浓度较大。

除闽北、粤北和桂北等少数地区外，年平均气温为19~22℃，最低月（一月）平均气温为7~14℃，茶年生长期10个月以上，年降水量是中国茶区之最，一般为1200~2000毫米，其中台湾地区雨量特别充沛，年降水量常超过2000毫米。茶区土壤以赤红壤为主，部分地区也有红壤和黄壤分布，土层深厚，有机质含量丰富。

工作任务三　饮茶与健康

任务导入

刘夏在印象茶楼实习。一天,一位年轻的女士走进茶楼,向刘夏问道:"我的朋友告诉我喝茶可以美容、减肥。你给我介绍介绍,我喝哪种茶既可以减肥,又可以美容?"如果你是刘夏,该如何回答?

任务分析

茶叶营养知识介绍是茶艺师的基础工作之一,要了解不同茶叶的营养价值,懂得茶叶的药用价值,还要掌握如何科学地饮茶。

任务实施

1. 资料收集
（1）茶叶的营养价值。
（2）茶叶的药用价值。
（3）如何科学地饮茶。

2. 计划分工
（1）如何进行人员分工?
（2）完成任务的时间如何安排?
（3）资料收集需要哪些方法与途径?

3. 任务实施
（1）进行资料汇总。
（2）分析资料。
（3）书写汇总报告。
（4）分组对结果进行汇报。

4. 任务检查
（1）所收集的资料是否真实、客观、全面?
（2）汇总报告格式是否规范、内容是否准确?

综合测评

专业：　　　　　班级：　　　　　学号：　　　　　姓名：

考评项目		自我评估	小组评估	教师评估
团队合作 30 分	沟通能力 15 分			
	协作精神 15 分			

续表

考评项目		自我评估	小组评估	教师评估
工作成果评定 40 分	任务方案 10 分			
	实施过程 10 分			
	工具使用 10 分			
	完成情况 10 分			
工作态度 20 分	工作纪律 5 分			
	敬业精神 5 分			
	有责任心 10 分			
工作创新 10 分	角色认知 5 分			
	创新精神 5 分			
综合评定 100 分				

考核时间： 年 月 日　　　　　　考评教师（签名）：

知识链接

一、茶的营养价值

经分析鉴定，茶叶内含化合物多达 500 种。这些化合物中有些是人体所必需的成分，称之为营养成分，如维生素类、蛋白质、氨基酸、类脂类、糖类及矿物质元素等，它们对人体有较高的营养价值；还有一部分化合物是对人体有保健和药效作用的成分，称之为有药用价值的成分，如茶多酚、咖啡因、脂多糖等。

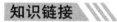

茶与健康

（一）茶叶含有人体所需要的多种维生素

茶叶中含有多种维生素。按其溶解性可分为水溶性维生素和脂溶性维生素。其中水溶性维生素（包括维生素 C 和 B 族维生素）可以通过饮茶直接被人体吸收利用。因此，饮茶是补充水溶性维生素的好方法，经常饮茶可以补充人体对多种维生素的需要。

维生素 C，又名抗坏血酸，能提高人体的抵抗力和免疫力。在茶叶中维生素 C 含量较高，一般每 100 克绿茶中含量可高达 100～250 毫克，高级龙井茶中含量可达 360 毫克以上，比柠檬、柑橘等水果的维生素 C 含量还高。红茶、乌龙茶因加工中经发酵工序，维生素 C 受到氧化破坏，从而含量下降，每 100 克茶叶只剩几十毫克，尤其是红茶，含量更低。因此，绿茶档次越高，其营养价值也就越高。每日只要喝 10 克高档绿茶，就能满足人体对维生素 C 的日需要量。

B 族维生素中的维生素 B_1 又称硫胺素，B_2 又称核黄素，B_3 又称泛酸，B_5 又称烟酸，B_{11} 又称叶酸。茶叶中的 B 族维生素含量也较高，经常饮茶，可以有效补充 B 族维生素，防治一些皮肤疾病、消化道疾病及神经体系统的症状。

由于脂溶性维生素难溶于水，茶叶用沸水冲泡后难以被吸收利用。因此，现今提倡适当"吃茶"来弥补这一缺陷，即将茶叶制成超微细粉，添加在各种食品中，如含茶豆腐、含茶面条、含茶糕点、含茶糖果、含茶冰淇淋等。吃了这些含茶食品，则可获得茶叶中所含的脂溶性维生素营养成分，这样可以更好地发挥茶叶的营养价值。

（二）茶叶含有人体所需要的矿物质元素

茶叶中含有人体所需要的大量元素和微量元素。大量元素主要是磷、钙、钾、钠、镁、硫等；微量元素主要是铁、锰、锌、硒、铜、氟和碘等。茶叶中含锌量较高，尤其是绿茶，每克绿茶平均含锌量达73微克，高的可达到252微克，而每克红茶中平均含锌量也有32微克。茶叶中铁的平均含量，每克绿茶中含量为123微克，每克红茶中含量为196微克。这些元素对人体生理机能都有着重要作用。经常饮茶，是获得这些矿物质元素的重要渠道之一。

（三）茶叶含有人体所需要的蛋白质和氨基酸

茶叶中能通过饮茶被直接吸收利用的水溶性蛋白质含量约为2%，大部分蛋白质为非水溶性物质，存在于茶渣内。茶叶中的氨基酸种类丰富，多达25种以上，其中，异亮氨酸、亮氨酸、赖氨酸、苯丙氨酸、苏氨酸、缬氨酸，是人体必需的氨基酸，还有婴儿生长发育所需的组氨酸。这些氨基酸在茶叶中含量虽不高，但可作为人体日需量不足的补充。

二、茶的药用价值

茶作药用，在我国已有悠久的历史。东汉的《神农本草经》，唐代陈藏器的《本草拾遗》，明代顾元庆《茶谱》等史书，均详细记载了茶叶的药用功效。《中国茶经》中记载茶叶的药理功效有24例。日本僧人荣西禅师在《吃茶养生记》中将茶叶列为保健饮料。现代大量科学研究证实，茶叶确实含有与人体健康密切相关的成分，茶叶不仅具有提神清心、清热解暑、消食化痰、去腻减肥、静心除烦、解毒醒酒、生津止渴、降火明目、止痢除湿等药理作用，还对现代疾病，如辐射病、心脑血管病、癌症等，有一定的药理功效。可见，茶叶药理功效之多、作用之广，是其他饮料无可替代的。正如宋代诗人欧阳修《茶歌》赞颂的那样："论功可以疗百疾，轻身久服胜胡麻。"茶叶具有药理作用的主要成分是茶多酚、咖啡因、脂多糖等。

（一）茶多酚的药理作用

1. 有助于延缓衰老

茶多酚具有很强的抗氧化性和生理活性，是人体自由基的清除剂。据有关部门研究证明，1毫克茶多酚清除对人机体有害的过量自由基的效能相当于9微克超氧化物歧化酶（SOD），大大高于其他同类物质。茶多酚有阻断脂质过氧化反应、清除活性酶的作用。经日本奥田拓勇试验结果证实，茶多酚的抗衰老效果要比维生素E强18倍。

2. 有助于抑制心血管疾病

茶多酚对人体脂肪代谢有着重要作用。人体的胆固醇、三酸甘油酯等含量高，会在血管内壁沉积脂肪，血管平滑肌细胞增生后会造成动脉粥样硬化等心血管疾病。茶多酚，尤其是茶多酚中的儿茶素ECG和EGC及其氧化产物茶黄素等，有助于抑制这种斑状增生，使形成血凝黏度增强的纤维蛋白原降低，凝血变清，从而抑制动脉粥样硬化。

3. 有助于预防和抗癌

茶多酚可以阻断亚硝酸铵等多种致癌物质在体内合成，并具有直接杀伤癌细胞和提高机体免疫能力的功效。据有关资料显示，茶叶中的茶多酚（主要是儿茶素类化合物），对胃癌、肠癌等多种癌症的预防和辅助治疗均有裨益。

4. 有助于预防和治疗辐射伤害

茶多酚及其氧化产物具有吸收放射性物质锶90和钴60毒害的能力。据有关医疗部门临床试验证实，对于肿瘤患者在放射治疗过程中引起的轻度放射病，用茶叶提取物进行治疗，有效率可达90%以上；对于血细胞减少症，茶叶提取物治疗的有效率达81.7%；对于因放射辐射而引起的白细胞减少症，茶叶提取物的治疗效果更好。

5. 有助于抑制和抵抗病毒病菌

茶多酚有较强的收敛作用，对病原菌、病毒有明显的抑制和杀灭作用，对消炎止泻有明显效果。我国有不少医疗单位应用茶叶制剂治疗急性和慢性痢疾、阿米巴痢疾，治愈率达90%左右。

6. 有助于美容护肤

茶多酚是水溶性物质，用它洗脸能清除面部的油腻，收敛毛孔，具有消毒、灭菌、抗皮肤老化、减少日光中的紫外线辐射对皮肤的损伤等功效。

（二）咖啡因的药理作用

咖啡因是茶叶中的重要生物碱之一。咖啡因对中枢神经系统有兴奋作用，能解除酒精毒害，强心解痉，平喘，提高胃液分泌量，促进食欲，帮助消化以及调节脂肪代谢。唐代《本草拾遗》中对茶的功效有"久食令人瘦"的记载。我国边疆少数民族有"不可一日无茶"之说。因为茶叶有助消化和降低脂肪的重要功效。这是由于茶叶中的咖啡因能提高胃液的分泌量，可以帮助消化，有增强分解脂肪的能力。茶叶中的咖啡因可刺激肾脏，促使尿液迅速排出体外，提高肾脏的滤出率，减少有害物质在肾脏中滞留的时间。茶叶中的咖啡因可排除尿液中的过量乳酸，有助于人体尽快消除疲劳。茶叶中的咖啡因还能促使人体中枢神经兴奋，增强大脑皮层的兴奋过程，起到提神、益思、清心的效果。

（三）茶氨酸的药理作用

茶氨酸是茶叶中一种特殊的在一般植物中罕见的氨基酸，它是茶树中含量最高的游离氨基酸，一般占茶叶干重的1%~2%。茶氨酸能引起脑内神经递质的变化，促进大脑的学习和记忆功能，并能对帕金森症、传导神经功能紊乱等疾病起到预防效果。氨基酸能抑制脑栓塞等大脑障碍引起的短暂脑缺血。因此，茶氨酸有可能用于脑栓塞、脑出血、脑中风、脑缺血以及老年痴呆等疾病的防治。茶氨酸可以促进α脑波的产生，从而引起人的放松状态，同时还能使注意力集中。动物和人体试验均表明，茶氨酸可以作用于大脑，使大脑快速缓解各种精神压力，放松情绪，对容易不安、烦躁的人更有效。人们在饮茶时感到平静、心境舒畅，也是茶氨酸对咖啡因作用的效果。茶氨酸是谷氨酰胺的衍生物，二者结构相似，肿瘤细胞的谷氨酰胺代谢比正常细胞活跃许多，因此作为谷氨酰胺的竞争物，茶氨酸能通过干扰谷氨酰胺的代谢来抑制肿瘤细胞的生长。另外，茶氨酸可降低谷胱甘肽过氧化物酶的活性，从而使脂质过氧化的过程正常化。

（四）茶多糖的药理作用

茶多糖是茶叶中含有的与蛋白质结合在一起的酸性多糖或酸性糖蛋白，它是由糖类、蛋白质、果胶和灰分组成的一种类似灵芝多糖和人参多糖的高分子化合物，是一类相对分子量在 4 万~10 万 Da 的均一组分。现代科学研究证实，茶多糖有降血糖和减慢心率的作用，能起到抗血凝、抗血栓、降血脂、降血压、降血糖的作用，改善造血功能，帮助肝脏再生，短期内增强机体非特异性免疫功能等功效，是一种很有前景的天然药物。茶多糖含量高低也是茶叶保健功能强弱的理化指标之一。

三、如何科学饮茶

茶叶的营养与保健功效虽然很多，但也不提倡喝得过多，要正确发挥饮茶对健康的积极作用，还要适时、适量、科学地饮茶。如果不讲究科学饮茶，一味地追求口福，也会给身体健康带来不利的影响。比如，茶的摄入量过多会导致失眠、贫血、缺钙等症状，因此科学饮茶是十分必要的。

（一）空腹不适合饮茶

空腹不适合饮茶，特别是发酵程度较低的茶，比如绿茶、黄茶等。在空腹状态下饮茶会对人体产生不利影响，因为空腹时茶叶中的茶多酚等会在胃中和蛋白结合，这会对胃肠形成刺激。空腹时喝茶还会冲淡消化液，影响消化。同时，空腹时饮茶，茶里的一些物质容易过量吸取，比如咖啡因和氟，咖啡因会使部分人群出现心慌、头晕、手脚无力、心神恍惚等症状，科学上称之为"茶醉现象"。一旦发生茶醉现象，可以吃块儿糖，或喝杯糖水，或吃点甜食。患有胃溃疡、十二指肠溃疡的人更不宜清晨空腹饮绿茶，因为茶叶中的多酚类会刺激胃肠黏膜，导致病情加重，还可能引起消化不良或便秘。

（二）饮茶要适量

饮茶有益于健康，但也应该有个度。现代科学研究证明，每个饮茶者都具有不同的遗传基因，因而体质有较大差异。脾胃虚弱者，饮茶不利；脾胃强壮者，饮茶有利；饮食中多油脂类食物者，饮茶有利；饮食清淡者，要控制饮茶的量，一般来说每天饮茶不超过 30 克。此数据是根据氟元素的摄入量来计算的，氟是一种有益的微量元素，但摄入过多会损害身体健康。中国营养学会推荐成人每天应摄取氟 1.5~3.0mg。以茶叶实际氟含量最高值泡茶时茶叶中氟的浸出率计算，每天可以饮茶 30~60 克，考虑到成人还会从其他食物和水中摄取一定量的氟，因此每天喝茶 15~30 克便不会造成氟过量。

（三）饮茶与解酒

饮茶到底能不能解酒，一直有争论。一般认为，茶虽然有利尿功能，可以加快人体的水分代谢，饮茶之后小便增多，这样人体通过排尿将血液中的酒精带出体外，以达到解酒的目的。通过饮茶解酒虽减轻了肝脏的负担，但如此一来却增加了肾脏的负担，长此以往会造成肾脏的一些疾病。另外，过量饮酒者会因为饮酒而心跳加速。如果为了解酒饮用大量浓茶，增加咖啡因的摄入，由于咖啡因也有兴奋神经的作用，会使人心跳过快，从而增加心脏功能负担，但是如果通过饮用淡茶来补充人体所需要的水分，增加人体内茶多酚浓度，解除酒精代谢过程中产生的过量自由基，也会有利于酒精代谢。科学实验表明：饮茶可以解酒，但要在饱腹的状况下才有效，空腹不仅无效，而且会加剧酒精对人体的损害。

（四）饮茶的浓度有讲究

有许多嗜茶者喜欢饮用浓茶，但科学研究表明，浓茶不利于健康。大量饮用浓茶会使多种营养元素流失，因为过量饮茶会增加尿量，引起镁、钾、B族维生素等重要营养元素的流失，浓茶易引起贫血、骨质疏松，茶叶中的多酚物质易与铁离子络合，进而影响人体对铁的吸收，导致缺铁性贫血，因此饭后也不适合立即饮茶。茶叶中的咖啡因含量较高，过多地摄入会导致体内钙的流失，引起骨质疏松。因此，饮茶应以清淡为宜。习惯饮浓茶者，应减少饮用量。

（五）饮茶要适时

从科学饮茶的角度看，由于每个人的生活习惯不同，饮茶的时间并不需要固定，但还是需要讲究一定的时间。一般来说，饭前不适合饮茶，空腹不能饮茶，饭后不可以立即饮茶，因为饭后立即饮茶会影响铁元素的吸收，长期下去会引起缺铁病症。饭后一个小时，人体对铁的吸收基本完成，因此饭后一小时饮茶为宜。此外，对咖啡因的兴奋作用特别敏感的人，在睡前也不要饮茶，否则咖啡因的兴奋作用会使人失眠，而对此不敏感的人则可不忌讳。吃药时，不可以用茶水送服，主要原因是茶水中的茶多酚会络合药物中的有效成分，进而引起药物失效。

（六）饮茶要结合身体状况

科学饮茶，应根据饮茶者的身体状况、生理时期来决定。一般来说，身体健康者可根据自己的嗜好饮用各式各样的茶叶，而对于身体健康状况不太好，或处于特殊时期的人来说，饮用对茶类的选择是有讲究的。

处于"三期"（月经期、妊娠期、产褥期）的妇女最好少饮茶，或饮脱咖啡因茶，因茶叶中含有茶多酚，它对铁离子产生络合作用，使铁离子失去活性；处于"三期"的妇女饮浓茶易引起贫血症，茶叶中的咖啡因对神经和心血管有一定的刺激作用；处于"三期"的妇女饮浓茶对身体本身的恢复、对婴儿的生长都会带来一些不良的影响。

对于心动过速的冠心病患者来说，宜少饮茶，或饮淡茶，或饮脱咖啡因茶，因为茶叶中的生物碱，尤其是咖啡因和茶碱都有兴奋作用，能增强心肌的机能，多喝茶或喝浓茶会使人心跳过快。有心房纤颤的冠心病患者也不宜多喝茶、喝浓茶，否则会促使发病或加重病情。对于心动过缓或窦房传导阻滞的冠心病者来说，其心率通常在每分钟60次以内，适当多喝些茶，甚至一些偏浓的茶，不但无伤害而且还可以提高心率，有配合药物治疗的作用。

对神经衰弱的患者来说，一要做到不饮浓茶，二要做到不在临睡前饮茶。因为患神经衰弱的人，主要症状是晚上失眠，而茶叶中咖啡因的最明显作用是兴奋中枢神经，使精神处于兴奋状态，所以喝浓茶和临睡前喝茶，对神经衰弱患者来说无疑是雪上加霜。神经衰弱患者由于晚上睡不着觉，白天往往精神不振，喝点茶水，吃点含茶食品，既可以补充营养，又可以帮助振奋精神，但对神经衰弱者来说，饮脱咖啡因茶是不影响睡眠的。

中医认为人的体质有湿热虚寒之别，而茶叶也有阴性和温性之分。一般认为，绿茶属于凉性，红茶、黑茶属于温性，青茶（乌龙茶）茶性多较平和，黄茶、白茶与绿茶相似，应该也属凉性。湿热体质的人应喝凉性茶，如绿茶；虚寒体质者应喝温性茶，如红茶；对于脾胃虚寒者，绿茶是不适宜的，因为绿茶性偏寒，脾胃虚寒者饮茶时在茶类的选择上，应该喝温性的红茶、普洱茶为好。

对于有肥胖症的人来说，各种茶都是很好的，因为茶叶中咖啡因、黄烷醇类、维生素类等化合物能促使脂肪氧化，除去人体内多余的脂肪，但不同的茶所起的作用有所区别。根据实践经验，乌龙茶、沱茶、普洱茶砖茶等紧压茶更有利于降脂减肥。据国外医学界一些研究资料显示，云南普洱茶和沱茶具有减肥健美功能和防治心血管疾病的作用；临床实验表明，长期饮用沱茶，对年龄在 40～50 岁的人来说，有明显减轻体重的效果，对其他年龄段的人有不同程度的效用，而乌龙茶有明显分解脂肪的作用，常饮能帮助消化，有助于减肥健美。

情境二

茶艺服务礼仪

实训目的

通过本情境的学习,掌握茶艺师的化妆技巧,掌握茶艺师的服装要求,掌握茶艺表演中的服务礼仪和服务规范,了解茶艺服务的标准手势和标准姿势,了解茶艺表演中常用的礼貌用语。

知识背景

化妆是运用色彩、线条、层次感创造美感的一种方法和艺术。正确、准确、精致、和谐是化妆的四大要素。"正确"指的是化妆的部位、色彩搭配及表达目的一定要正确,要遵循化妆的基本原则;"准确"强调的是化妆操作技巧,落笔要娴熟,要能够准确地将化妆理论性的原则在个体身上得到表现;"精致"是女人品质极有代表性的一种表现形式;"和谐"是化妆的最高境界。和谐这个要素还包含三个层面:一是妆面的和谐,表现在各个部位的妆面在风格上、色彩上的和谐;二是妆面与整体形象的和谐,也就是妆面与发型、服饰、配饰等的和谐;三是妆面与外界环境的和谐。

礼仪是对客人表示敬意、友好和善意的各种礼节、礼貌和仪式。而行茶礼仪是在茶事服务工作中形成的,并得到共同认可的一种礼节、礼貌和仪式。行茶礼仪不主张采用太夸张的动作及客套的语言,而多采用含蓄、温和、谦逊、诚挚的礼仪动作,尽量用微笑、眼神、手势、姿势等传情达意。

情境导入

小刘准备应聘龙凤茶楼的茶艺师。为了更好地在面试中展示自己,小刘需要从妆容、服饰、仪态、语言等方面做充分的准备。

工作任务一　茶艺师形象礼仪

任务导入

面试的日子马上就要到了，为了给茶楼经理留下深刻的印象，小刘需要化好精致的妆容，穿着得体的服饰，展现标准的礼仪姿态。如果你是小刘，你会怎样做？

任务分析

通过实践，掌握化妆的技巧，了解茶艺师服饰的选择，熟悉茶艺师的礼仪姿态，并能够熟练地展示标准的坐姿、站姿等。

任务实施

1. 资料收集
（1）了解茶艺师的妆容服饰。
（2）了解茶艺师常用的礼貌用语。
（3）了解茶艺师的站姿、坐姿等。

2. 计划分工
（1）如何进行人员分工？
（2）完成任务的时间如何安排？
（3）资料收集需要哪些方法与途径？

3. 任务实施
（1）进行资料汇总。
（2）分析资料。
（3）小组练习展示。

4. 任务检查
（1）妆容是否合适？
（2）动作是否规范标准？

综合测评

专业：　　　　　班级：　　　　　学号：　　　　　姓名：

考评项目	应得分	自我评估	小组评估	教师评估
站姿	10分			
坐姿	10分			
走姿	10分			
跪姿	10分			

续表

考评项目	应得分	自我评估	小组评估	教师评估
站式鞠躬礼	20 分			
坐式鞠躬礼	20 分			
跪式鞠躬礼	20 分			
合计分数 100 分				

考核时间：　　年　月　日　　　　　　　　考评教师（签名）：

1. 茶艺师基本服务姿态标准

考评项目	动作要领
茶艺师站姿	（1）姿势端正，两脚跟并拢，脚尖略分开，呈45°～60°。 （2）双脚合拢直立，身体重心落在两脚中间，挺胸收腹，下颌微收。 （3）双臂自然下垂，双手自然交叉相握（右手在上，左手在下）摆放于腹前。 （4）两眼平视，嘴微闭，面带微笑
茶艺师坐姿	（1）坐姿端正，自然而挺直地坐在椅面的1/3部位，不要仰靠椅背伸直双腿，应双腿并拢，双手自然交叉相握摆放于腹前或手背向上四指自然合拢，双手呈"八"字形放于茶台边。 （2）行茶时，挺胸收腹，头正肩平，肩部不可因操作动作改变而倾斜。 （3）表情自然，面带微笑
茶艺师走姿	（1）上身正直，眼睛平视，面带微笑，肩部放松，手指自然弯曲，双臂自然前后摆动，摆幅约35厘米，如果在狭小的空间及场地中行走，也可采取双手交叉相握于腹前的姿势。 （2）行走时身体重心略向前倾，两脚走路成直线，步幅以20～30厘米为宜。迈步要稳，切忌过急。步幅小，步子轻，不左右摇晃，用眼梢辨方向、找目标，是保持正确走姿的要领
茶艺师跪姿	（1）在站立姿势的基础上，右脚后错半步，双膝下弯，右膝先着地，右脚掌心向上；随之左膝着地，左脚掌心向上，直至双膝跪下。 （2）身体重心调整坐落在双脚跟上，上身保持挺直，双手自然交叉相握摆放于腹前。 （3）两眼平直，表情自然，面带微笑

2. 茶艺师鞠躬礼动作标准

考评项目	动作要领	要求
站式鞠躬礼	（1）左脚先向前，右脚靠上，左手在里，右手在外，四指合拢相握于腹前。 （2）缓缓弯腰，双臂自然下垂，手指自然合拢，双手呈"八"字形轻放于双腿上。 （3）直起时目视脚尖，缓缓直起，面带微笑。 （4）俯下和起身速度一致，动作轻松，自然柔软	真礼：弯腰约90° 行礼：弯腰约45° 草礼：弯腰小于45°

续表

考评项目	动作要领	要求
坐式鞠躬礼	（1）在坐姿的基础上，头身前倾，双臂自然弯曲，手指自然合拢，双手掌心向下，自然平直放于双膝上或双手呈"八"字形轻放于双腿中、后部位置。 （2）直起时目视双膝，缓缓直起，面带微笑。 （3）俯下、起身时的速度、动作要求同站式鞠躬礼	真礼：头身前倾约45°，双手平扶膝盖 行礼：头身前倾小于45°，双手呈八字形放于1/2大腿处 草礼：头身略向前倾，双手呈八字形放于双腿后部位置
跪式鞠躬礼	（1）在跪坐姿势的基础上，头身前倾，双臂自然下垂，手指自然合拢，双手呈"八"字形，或掌心向下，或掌心向内，或平扶，或垂直放于地面双膝前位置。 （2）直起时目视手指尖，缓缓直起，面带微笑。 （3）俯下、起身时的速度、动作要求同站式鞠躬礼	真礼：头身前倾约45°，双手掌心向下，平扶触地于双膝前位置 行礼：头身前倾小于45°，双手掌心向下，四指触地于双膝前位置 草礼：头身略向前倾，双手掌心向内，指尖触地于双膝前位置

注："真礼"用于主客之间，"行礼"用于客人之间，"草礼"用于说话前后。

知识链接

饮茶时，男性最好不化妆，仅清洁身体和保持面部干净即可。女性需要做好皮肤护理，可以化淡妆，但是不要化浓妆。化妆品选择无香或者淡香型，不要喷洒味道浓郁的香水，也不要佩戴香包，以免合成的气味影响茶叶本身的香气。不要使用中药气味重的化妆品，不要使用粉末状的化妆品。化妆品需要使用后能保持在皮肤表面，不能有水珠在皮肤表面滚动。

一、化妆设计

（一）妆前准备

（1）洗净双手并擦干，将面部用清水洗后，保持微湿状态，选择适合自己皮肤特点的洗面用品，将洁面乳或洗面奶在手心中揉搓开，然后均匀涂抹在整个面部，特别注意额头"T"字部位，1~2分钟后，将洁面乳或洗面奶清洗干净。

（2）洗脸后别马上用毛巾擦脸，先用双手拍脸，然后用毛巾吸。不要用摩擦的方式，而是要用毛巾轻压脸部。

（3）在清洁完肌肤之后要做的是迅速补充水分，将化妆棉蘸上化妆水后覆盖在脸部，维持2分钟左右。接着选择保湿和补水效果好的乳液，以拍打的手法滋润肌肤。

（4）在上底妆之前，要做好基础护理。取具有滋润效果的美容乳液均匀地点在肌肤上，以打圈的方式轻轻按摩促进美容液的吸收。在鼻头区域使用具有收缩和掩饰毛孔的膏体，这样能够防止花妆。在眼睛周围和鼻子两侧涂抹具有亚光和遮盖瑕疵效果的膏体，这样能有效掩饰粗大的毛孔。

（二）粉底

（1）选择与自己肤色接近的粉底液，将粉底倒在手背上，用八分干两分湿的海绵蘸上粉底后，再慢慢由上往下在全脸、耳朵及脖子上均匀涂抹。

（2）步骤：从脸颊内侧涂到脸颊外侧→眼睑部位→鼻下→唇部四周→下巴（两边顺序相同）→额头部分由下往上朝发际方向涂抹→用海绵修饰发际及下颚边缘→以海绵轻拍整个面部。

（3）选择适合自己皮肤颜色的粉底液，取适量于手心，大概是一枚硬币大小。用大号的化妆刷将粉底液扫在脸部，在毛孔粗大的地方可以略厚一点。细微的地方也不能忽略，如眼周围和鼻翼两侧等小地方，只有这样才能呈现出完美肌肤。最后用海绵轻轻按压脸部，吸走多余的液体。

（4）定妆不能少散粉。要选择能够吸收多余皮脂、能够长时间防止花妆效果的散粉。用大号的粉刷取散粉轻扫在脸颊上，"T"字区域要特别注意。

（三）眉妆

（1）眉刷：眉刷蘸上眉粉后先在面巾纸上轻拍几下，抖掉过多的眉粉，然后再顺着眉毛生长方向画，呈现的眉形就会很自然。

（2）位置：画眉时，须从眉毛1/3或眉毛弯曲弧度的地方开始画，然后再逐步往前推，眉尾1/3是整个眉毛较稀疏之处，因此颜色可较深些。相反地，前2/3的眉毛通常比较浓密，描画时可用眉刷上残余的粉上色，或是利用眉笔轻轻带过，这样眉毛的色差不至于太明显，整体眉形也较为自然。

（3）眉饼：对于正要学习画眉毛的女性来说，因为还拿捏不好眉笔描画的轻重力量，所以不妨恰当运用辅助工具，如用眉饼与眉刷来辅助自己，可以呈现较为自然的妆效。

（4）眉笔：大部分的眉饼上色容易，不易变形，缺点是持久度较低，需时常补涂。眉笔维持度高，只是需要较高超的技巧，才能勾勒出自然而完美的眉形。

（5）色彩：眉毛的颜色应与自身发色相近，所以有染发的女性，切记两者间的色差过大。无论使用眉饼还是眉笔，画完后最好都用眉刷再将眉形刷匀，这样才会显得自然完美。

（6）眉毛：一般来说，眉毛稀疏的女性，生长的方向也较为杂乱，应先使用修眉工具将杂毛修掉，再描画眉毛，这样会让整体妆容更洁净完美。

（四）眼妆

1. 眼影

（1）用灰色珠光眼影在眼窝位置大范围地晕染，作为打底色。

（2）用粉色调的眼影在眼窝的1/2位置进行晕染，加深眼妆。

（3）用棕色眼影在眼窝的2/3部分进行晕染，使眼尾三角区显得更加深邃。

（4）用深棕色眼影在上下眼尾晕染，加重妆感，再用灰白色眼影在眼头的位置晕染，提亮眼妆。

（5）完成后的眼影效果，自然、日常且实用。为了使眼睛更富有立体感，可以在上眼睑涂上白色眼影。

（6）用刷子刷匀。

2. 眼线

（1）初学者最好用眼线笔画眼线，也可使用眼线液，但要格外小心，必须慢慢沿着睫毛根侧描画。

（2）画下眼线时，左手轻轻地按住下眼睑，右手握笔，慢慢地从睫毛边侧画起。

（3）将重点放在眼角上，水平式或微翘式都可。画完眼线后，将外眼角重复涂上棕色或茶色眼影，这样会使妆容更加明艳动人。

3. 睫毛

（1）先用睫毛刷把睫毛刷出清晰的睫毛层次。把脸部稍稍抬起，用干净的睫毛夹顺势夹住睫毛，稍稍用力晃动两三下，使平直的睫毛微微向上翘起。

（2）将睫毛夹卷后涂上睫毛膏。先涂上睫毛上侧，而且须自根部涂起，再涂上睫毛下侧，宜涂少些，这样才会显得自然，然后再涂一次靠眼尾部分。

（3）涂下睫毛时，将睫毛膏棒竖起，横方向涂抹，这样较容易上染。

（4）用眉梳除去多余的睫毛膏，切忌用手。

（五）唇妆

（1）为了提升嘴唇的水润度和饱满度，得先给嘴唇涂上无色护唇膏，然后用棉花棒擦走多余的唇膏或者唇部死皮。

（2）找同色系的唇线笔勾勒唇形，并修正唇的边缘色，为后续上色做好铺垫，且不易掉色。

（3）用粉底以按压的方式在唇部周围轻轻一点，帮助修饰多余的唇线或者唇部瑕疵。然后用唇膏轻轻涂在确定的唇形上，注意涂抹的时候按照从中间到两边、从上到下的顺序，避免加重唇纹。

（4）拉直下巴，嘴角稍微抿紧，做出微笑状，用唇刷蘸取唇膏或直接用唇膏由唇部中心向嘴角开始涂抹，均匀地涂满整个嘴唇，注意不能越出唇线。

（5）用唇蜜直接涂刷或以唇笔刷蘸取唇蜜，从上下唇中心往唇角两边均匀拍开，使唇色瞬间亮眼。

（6）最后加上透明唇彩增添双唇的色彩。

（六）腮红

（1）确定腮红的基本范围：先做微笑状态，从下眼线处空出一个食指的宽度，找出颧骨的位置，此为上限；然后以眼球为中心向下找垂直线，与鼻端平行线正交，此为下限；上、下限之间再与耳垂、太阳穴两点形成的扇形区域最为恰当。

（2）用大胭脂刷均匀蘸取胭脂，以打圈方式沿着下限位置向太阳穴方向刷即可。

（3）扑上干粉，可修饰过量的腮红，同时能锁定妆容，或者用棉片抹去过量的胭脂即可。

（七）整理

检查化妆的整体效果，并进行必要的补充。

（八）清洁工具

清洁化妆工具。

二、认识脸形

通常所说的脸形修饰,是将脸型修饰成标准的"蛋形脸"。不过由于每一个人的脸形都各有不同,所以在修饰时重点也不一样。以下针对6种脸形,依据基本彩妆的步骤来进行必要的修饰。

(一)菱形脸:额头较窄,颧骨突出,下巴窄而尖,脸部棱角明显

(1)脸形修饰:用阴影色修饰高颧骨和尖下巴,削弱颧骨的高度和下巴的凌厉感,在两额角和下颌两侧提亮,可以使脸形显得圆润一些。

(2)眉的修饰:适合圆润的拱形眉,破掉脸上的多处棱角。

(3)眼部修饰:眼影应向外晕染,拓宽眼窝处的宽度,眼线也要适当拉长上挑。

(4)鼻部修饰:加宽鼻梁处高光色,使鼻梁挺阔。

(5)腮红:画在苹果肌处即可,为了更突出苹果肌丰满的感觉,可在它的下方也扫上阴影粉。

(二)心形脸:脸形看上去像桃心一样,较为圆润,但是下巴处仍有尖尖的弧度

(1)脸形修饰:心形脸因为圆润所以显得有些婴儿肥。此类脸形的修容重点在于让脸变瘦变窄,因此整个脸部边缘都是需要涂深色修容粉的地方。腮红是呈斜线扫在颧骨高光与阴影交界线处,将其晕染开,以达到自然过渡的感觉。

(2)眉的修饰:眉形应圆润微挑,不宜有棱角,眉峰在眉毛2/3向外一点。

(3)眼部修饰:眼影晕染重点在内眼角上,眼线不宜拉长。

(4)腮红:心形脸型宜用淡色腮红横向晕染,增强脸部丰润感。

(5)唇部修饰:唇圆润饱满。

(三)方形脸:额角与下颌角较方,转折明显,使人看起来该人正直、刚毅、坚强

(1)脸形修饰:用高光色提亮额中部、颧骨上方、鼻骨及下巴,使面部中间部分突出,忽略脸形特征。暗影色用于额角、下颌角两侧,使面部看起来圆润柔和。

(2)眉的修饰:修掉眉峰棱角,使眉毛线条柔和圆润,呈拱形,眉尾不宜拉长。

(3)眼部修饰:强调眼线圆润流畅,拉长眼尾并微微上挑,增强眼部妩媚感。

(4)腮红:颧骨下用暗色腮红,颧骨上用淡色,斜向晕染,过渡处要衔接自然,使面部有收缩感。

(5)唇部修饰:强调唇形圆润感,可用粉底盖住唇峰,重新勾画。

(四)正三角,也称梨形脸。上窄下宽,额头窄小、两腮方大

(1)脸形修饰:可于化妆前开发际,除去一些发际边缘的毛发,使额头变宽,用高光色提亮额头眉骨、颧骨上方、太阳穴、鼻梁等处,使脸的上半部明亮、突出、有立体感。用暗影色修饰两腮和下颌骨处,收缩脸下半部的体积感。

(2)眉的修饰:使眉距稍宽,眉不宜挑,眉形平缓拉长。

(3)眼部修饰:眼影向外眼角晕染,眼线拉长,略上挑,使眼部妆面突出。

(4)鼻部修饰:鼻根不宜过窄。

(5)腮红:由鬓角向鼻翼方向斜扫。

(6)唇部修饰:口红颜色宜淡雅自然,让视觉忽略脸的下半部。

（五）圆脸：面颊圆润，面部骨骼转折平缓、无棱角，脸的长度与宽度的比例小于4:3

（1）脸形修饰：用暗影色在两颊及下颌角等部位晕染，削弱脸的宽度，用高光色在额骨、眉骨、鼻骨、颧骨上缘和下颌等部位提亮，增加脸的长度，增强脸部立体感。

（2）眉的修饰：眉头压低，眉尾略扬，画出眉峰。使眉毛挑起上扬而有棱角，打破脸的圆润感。

（3）眼部修饰：在外眼角处加宽加长眼线，使眼形拉长。

（4）鼻部修饰：拉长鼻形，高光色从额骨延长至鼻尖，必要时可加鼻影，由眉头延长至鼻尖两侧，增强鼻部立体感。

（5）腮红：由颧骨向内斜下方晕染，强调颧弓下陷，增强面部立体感。

（6）唇部修饰：强调唇峰，画出棱角，下唇底部平直，削弱面部圆润感。

三、常见化妆工具的清洁方法

（1）海绵：用溶解了中性洗剂的温水洗泡，彻底清洁后阴干。

（2）粉扑：用溶解了中性洗剂的温水一按一放地洗，然后用干毛巾将水分吸干后再阴干。

（3）毛刷：平时用完后，以面巾纸拭掉粉，每个月要用溶解了中性洗剂的温水清洗，用干毛巾吸干，然后理顺毛端后阴干。

（4）唇笔：取少量洁面乳挤于掌心，然后将唇笔放在上面轻轻转动以洗脱唇膏，再用纸巾擦拭笔尖，最后用温水洗后，用纸巾吸干即可。

四、部分化妆品的选择常识

（一）根据自己的皮肤性质

皮肤一般分为中性、干性、油性、混合性、敏感性五种类型。

1. 中性皮肤

毛孔细致，有光泽，油脂分泌适中。皮肤困扰：夏季T部略微油腻，冬季偏干，随着年龄的增长逐渐转变为干性皮肤。保养重点：适度清洁与保护，选用性质温和、滋润型的护肤品。

2. 干性皮肤

皮肤无光泽、缺乏弹性、出现皮屑。皮肤困扰：干燥紧绷。保养重点：适度清洁、保护，选用高保湿的洁面产品、乳液或乳霜。

3. 油性皮肤

毛孔粗大，油脂分泌旺盛。皮肤困扰：满面油光，易生粉刺、暗疮和黑头。保养重点：重清洁、抑制油脂。选用清洁能力强、含有控油成分的泡沫洁面乳，使用含控油成分的乳液。

4. 混合性皮肤

T部油、两颊偏干或中性。皮肤困扰：T部油，易生粉刺。保养重点：分区护理，T部油性选择油性皮肤适用的护肤品，两颊中性就选择中性皮肤适用的护肤品，偏干就选用干性皮肤适用的护肤品。

5. 敏感性皮肤

皮肤较薄,能看到毛细血管(以上四种皮肤都可能出现敏感的现象)。保养重点:敏感性皮肤应选用专门为敏感性皮肤设计的护肤品,其性质相当温和,不会给敏感性皮肤带来负担,还可以帮助皮肤增强免疫力,敏感性皮肤最好选择一个适合自己的品牌长期使用。

(二)根据年龄、地区和季节

1. 随着年龄的增长,皮肤所需要的养分是不同的

青春期:内分泌旺盛、油脂分泌旺盛。保养重点:重清洁,控油。应该选用一些清爽的含有控油成分的乳液。

20~25岁:这个年龄段可以说是身强力壮,皮肤也不缺什么养分。保养的重点就是要补水,再补水。

25~30岁:25岁是皮肤的一个分水岭。女人在过了25岁后皮肤就逐渐衰老,所以这段时间的保养很重要,应选用高水分的乳液或乳霜,让皮肤总是保持在水润健康的状态。

30~35岁:补水,补营养。30岁以后皮肤衰老的速度加快。光补水是不够的,还要适当地补充一些营养。应选用含有胶原蛋白等皮肤必须营养成分的营养霜或乳液,也可以每周做营养面膜。

40岁以后:属于衰老性皮肤,保养重点就是在于补充营养。应该选用有高营养的面霜。

2. 不同地区、不同季节,皮肤的状态不尽相同

南方:四季潮湿。选用含有收敛、控油成分清爽的产品。

北方:四季分明。春天,空气干燥,很多粉尘花粉混合在空气中很容易引起过敏,有很多人每到春天就会感到皮肤发痒、起皮,更严重的还有红肿的现象。所以春天要注意保养皮肤,防过敏,避免风吹、日晒和干燥,避免会引起过敏的物质。

夏天,天气炎热,油脂分泌旺盛,紫外线较强。重清洁、控油和防晒。防晒霜中含有二氧化碳,可以折射和吸收紫外线,所以用后一定要卸妆。

秋天,空气干燥,要以补水为主。除了选用补水的护肤品外,还可以每周做补水面膜。

冬天,寒冷的天气使皮肤的水分流失速度加快,油脂分泌也不那么旺盛了,所以在补水的同时,也要为皮肤补充些营养。

五、服装

表演服装的样式、款式多种多样,但应与所表演的主题相符合,服装应得体,衣着端庄、大方,符合审美要求。如"唐代宫廷茶礼表演",表演者的服饰应该是唐代宫廷服饰;"白族三道茶表演",表演者应着白族的民族特色服装;"禅茶"表演,表演者应以禅衣加身为宜等。

六、姿态

1. 贴壁练习

(1)背靠墙而立,让足跟、小腿肚、臀部、背部、后脑和墙接触。

（2）在头上顶3本书，让书的一边和墙接触，走动离开墙，为了不让书掉落，人会本能地挺直脖子，后收下巴，挺起胸脯。

（3）每次维持20~30分钟，每天练习可防止驼背。

2. 收腹练习

收腹训练可以使人的体型由凸腹的"d"形，转为时髦的"s"形。常练习，不但有助于仪态美，同时有助于身材的优美，使腹部的肌肉紧缩而不会出现过多的脂肪。

（1）俯卧在地板上，手心平贴地板，下巴搁在手背上，脚面和小腿平贴地板上，膝盖向前拉，腰部弓起，收缩腹部的肌肉，然后膝盖向后缩，使身体平贴在地板上，重复以上动作。

（2）躺下来双臂左右伸开，双腿伸直平贴墙上，开始走路，两脚尽可能往墙的高处踩。

（3）仰卧在地板上，双臂伸向两边，双腿并拢伸直，然后膝盖弯向腹部，与腹部接触，再将腿伸直，徐徐落在地板上。

（4）仰卧在地板上，双腿并拢，双臂伸直，上身慢慢升起，双手触脚背，然后上半身再徐徐下落，自然平躺在地板上。

3. 挺胸练习

（1）两边腋下各夹一本杂志，抬头、挺胸、手臂用力，每次维持10分钟。

（2）双臂夹紧集中力量，指尖向上，双手合并。

（3）双手用力向前伸直，指尖朝前。

（4）最基本的动作是多注意胸部的挺直，双肩自然下垂，由10分钟增加到20分钟，再延长到1个小时左右，这样还可以慢慢改掉驼背的毛病。

七、步态、坐姿与行走

走路时的步态美与不美，是由步度和步位决定的。如果步度和步位不合标准，那么全身摆动的姿态就失去了协调的节奏，也就失去了自身的步韵。

步度，是指行走时两脚之间的距离。步度的一般标准是一脚踢出落地后，脚跟离另一只脚脚尖的距离恰好等于自己的脚长。步位是脚落地时应放置的位置。

步韵也很重要。走路时，膝盖和脚腕都要富于弹性，肩膀应自然、轻松地摆动，使自己走在一定的韵律中，才会显得自然优美。

操作要点及注意事项：

（1）女性穿礼服或旗袍的时候，绝对不要双脚并列，而是要让两脚之间前后距离5厘米左右，以一只脚为重心。

（2）穿高跟鞋时，左脚为重心，脚尖与垂直线成45°，右脚脚尖向前，脚跟紧连着左脚。选择这个站姿，曲线相当优美。

（3）在站立服务的时候，严禁靠墙或者身体倚着服务台而站立，或者将手放在衣服的口袋里。

（4）如果站立太久，可以换成"稍息"姿势，即一脚向侧面方向跨出半步，使身体重心放在一侧下肢，让另一侧下肢稍微休息，两侧交替。站立不应太久，应适当进行原地活动，以解除腰背部肌肉的疲劳。

（5）不论何种姿势，都切忌两膝盖分开，两脚呈八字形，这对女性来说极其不雅。

（6）两腿交叠而坐时，悬空的脚尖应向下，切忌脚尖朝天和上下抖动。

（7）不可将两脚尖朝内、脚跟朝外，这种内八字形坐法不雅。

（8）切忌跷二郎腿，或者不停抖动双腿，双手搓动或交叉放于胸前，弯腰弓背，低头等。

（9）与人交谈时，不可将上身往前倾或用手支撑下巴。

（10）坐下来应该安静，切忌身体一会儿向东，一会儿向西。

（11）双手可相交搁在大腿上，或轻搭在扶手上，但手心应向下。

（12）在椅子上前俯后仰，或把腿架在椅子或沙发扶手上，都是极为不雅观的。

（13）谈话时可以侧坐，上体与腿同时转向一侧，把双膝靠拢，脚跟靠紧。

（14）特别注意与上级（长辈）同坐时不可背靠椅背；与同级（同辈）同坐时，要保持一定时间的规范坐姿才可靠椅背；与下级（小辈）同坐时可自然随意，但也不能失态。

（15）正确的行走姿势是在站姿的基础上摆动大臂，步子不宜过大或过小，速度不宜过快或过慢，两眼目视前方，走起来步子稳健、大方，双腿夹紧，双腿尽量走在一条直线上。

（16）行走中身体的重心要随着移动的脚步不断向前过度，而不要让重心停留在后脚，并注意在前脚着地和后脚离地时伸直膝部。

（17）走路时，应自然地摆动双臂，幅度不可太大，前后摆动的幅度约为45°，切忌做左右式的摆动。

（18）走路时应保持身体挺直，切忌左右摇摆或摇头晃肩，否则会让人觉得行为轻佻、缺少教养。

（19）走路时膝盖和脚踝都应轻松自如，以免显得僵硬，并且切忌走外八字或内八字，给人一种不雅观的感觉。

（20）走路时不要低头或后仰，更不要扭动双臂。

（21）不要双手反背于背后，这会给人以傲慢或呆板之感。

（22）步度与呼吸应相互配合，有节奏，穿礼服、裙子或旗袍时步度要轻盈优美，不可跨大步。若穿长裤步度可更大些，这样会显得生动，但最大步也不可超过脚长的1.6倍。

工作任务二　茶艺师服务礼仪

任务导入

小刘在龙凤茶楼迎来了自己的第一批客人。他们一行7人，来自一个国际旅游团体，其中有美国人、日本人、韩国人和印度尼西亚人。不同国家的人有不同的风俗禁忌，这可难坏了小刘，经理告诉她，只要自己遵照茶艺服务的礼仪规范，再了解一些不同国家的风俗禁忌就会完美地完成这次任务。请你帮小刘熟悉一下茶艺服务的礼仪和主要客源国的风俗禁忌吧。

任务分析

通过实践查找资料，了解我国主要客源国概况，重点掌握茶艺服务的礼仪规范、茶艺服务的礼貌用语,掌握茶艺表演的气质要求等。

任务实施

1. 资料收集
(1) 了解茶艺师的礼仪规范。
(2) 了解主要客源国民俗禁忌。
(3) 了解茶艺师的表演的气质要求等。

2. 计划分工
(1) 如何进行人员分工?
(2) 完成任务的时间如何安排?
(3) 资料收集需要哪些方法与途径?

3. 任务实施
(1) 进行资料汇总。
(2) 分析资料。
(3) 小组练习展示。

4. 任务检查
(1) 动作是否标准?
(2) 气质是否体现职业素养?
(3) 能否准确说出不同客人的民俗禁忌?

综合测评

专业:　　　　　　班级:　　　　　　学号:　　　　　　姓名:

考评项目	应得分	自我评估	小组评估	教师评估
微笑	10 分			
伸手礼	10 分			
注目礼和点头礼	10 分			
叩手礼	10 分			
握手礼	10 分			
接听电话	30 分			
礼貌敬语	20 分			
合计分数 100 分				

考核时间:　　年　月　日　　　　　　考评教师(签名):

茶艺师服务礼仪要求

考评项目	动作要领
微笑	1. 对镜子摆好姿势，像婴儿咿呀学语那样，说"E"，让嘴角朝后缩，微张嘴唇。 2. 轻轻浅笑，减弱"E"的程度，这时可感到颧骨被拉向斜后上方。 3. 相同的动作反复几次，直到感觉自然为止
伸手礼	1. 行伸手礼时应五指自然并拢，手心向上，左手或右手从胸前自然向左或向右前伸。 2. 伸手礼是在请客人帮助传递茶杯或其他物品时采用的礼节，一般应同时讲"请"或"谢谢"
注目礼和点头礼	1. 注目礼即茶艺人员的眼睛庄重而专注地看着对方。 2. 点头礼即点头致意。 3. 这两个礼节一般在茶艺人员向客人敬茶或奉上物品时同时应用
叩手礼	1. 长辈或者上级给晚辈或下级斟茶时，下级和晚辈必须用食指和中指做跪拜状叩击桌面两三下。 2. 晚辈或下级为长辈或上级斟茶时，长辈或上级只需单指叩桌面两三下表示谢谢。 3. 也有的地方在同辈之间敬茶或斟茶时，单指叩击表示"我谢谢你"，双手指叩击表示"我和我先生（太太）谢谢你"，三指叩击表示"我们全家人都谢谢你"
握手礼	1. 握手强调"五到"，即身到、笑到、手到、眼到、问候到。 2. 握手时双方的上身应微微向前倾斜，面带微笑，同时伸出右手和对方的右手相握。 3. 眼睛要平视对方的眼睛，同时寒暄问候。 4. 握手时，伸手的先后顺序：贵宾先、长者先、主人先、女士先。 5. 握手时间一般在3~5秒为宜，握手力度必须适中，握手要讲究卫生
接听电话	1. 电话铃响两声之后必须接听，如果超过三声后接听必须说："对不起，让您久等了。" 2. 谈话内容要注意礼节，并使用礼貌用语，语言清晰。电话中的说话速度要比平时稍慢一些。 3. 说话的时候保持微笑状态。把笑容融入声音中。 4. 必须使用规范应答语："您好，××餐厅！我是××，请讲（有什么可以帮助您的）。" 5. 要仔细倾听对方的讲话，一般不要在对方没有讲完时打断对方。如实在有必要打断时，则应该说："对不起，打断一下。"对方声音不清楚时，应该善意提醒："声音不太清楚，请您大声一点，好吗？" 6. 如果谈话所涉及的事情比较复杂，应该重复关键部分，力求准确无误。 7. 电话机旁边常备纸张和笔，随时准备记录重要事项或留言。留言时要询问对方姓名、电话、事由、时间等关键事项。 8. 谈话结束时，要表示谢意，并让对方先挂断电话，不要忘了说"再见"

续表

考评项目	动作要领
礼貌敬语	1. 客人登门时主动打招呼，使用招呼语，如"您好……""欢迎光临"等。 2. 称呼客人时，使用称呼语，如"先生""太太""女士""夫人"等。 3. 与客人谈话时要杜绝使用"四语"，即蔑视语、烦躁语、否定语和顶撞语，如"哎……""喂……""不行""没有了"，也不能漫不经心、粗言恶语或高声叫喊等。 4. 向客人问好时使用问候语，如"您好""早上好""晚上好""您辛苦了……""晚安"等。 5. 听取客人要求时，要微微点头，使用应答语，如"好的……""明白了""请稍等""马上就来""马上就办"等。 6. 服务有不足之处或客人有意见时，使用道歉语，如"对不起""打扰了……""让您久等了""请原谅""给您添麻烦了"等。 7. 感谢客人时，使用感谢语，如"谢谢……""感谢您的提醒"等。 8. 客人离别时，使用道别语，如"再见……""欢迎再次光临""祝您一路平安"等

知识链接

第一部分　茶艺服务的常用礼节

一、常见礼貌用语

问候：早上好、您早、晚上好、您好、大家好。

致谢：非常感谢、谢谢您、多谢、十分感谢、多谢合作。

拜托：请多关照、承蒙关照、拜托。

慰问：辛苦了、受累了、麻烦您了。

赞赏：太好了、真棒、美极了。

谢罪：对不起、实在抱歉、劳驾、真过意不去。

挂念：身体好吗？怎么样？还好吧？

祝福：托您的福、您真福气。

理解：只能如此、深有同感、所见略同。

迎送：欢迎、欢迎光临、欢迎再次光临、再见。

祝贺：祝您节日愉快、恭喜。

征询：您有什么事情？需要我帮您做什么事情？

应答：没关系、不必客气。

婉言：很遗憾，不能帮您的忙。承您的好意，但是我还有许多工作。

二、茶艺服务的规范举止

（1）在客人面前不吃东西、不抽烟，尽量不打哈气、不打嗝、不咳嗽、不打喷嚏，实在忍不住时，要用手帕掩住口鼻、侧过身体。

（2）不要当众剔牙、挖耳鼻、搔头摸腮、伸懒腰。

（3）有问必答，话语诚恳，解释耐心，不唠唠叨叨，不夸夸其谈，不高声喧哗，不指手画脚。

(4) 面对宾客讲话时，要保持适当距离（约1米）。

(5) 给宾客递物品或找钱时，动作要轻，应直接送到客人手上；茶艺人员之间传递物品时，应手手相接，不可空中抛接。

(6) 不议论或嘲笑宾客，不模仿宾客动作，不与宾客开玩笑，不窃听宾客间的谈话。

(7) 注意宾客忌讳，尊重宾客风俗，照顾宾客习惯。

三、茶艺表演的形象要求

茶艺表演是一门高雅的艺术，它不同于一般的演艺表演，它浸润着中国的传统文化，飘逸着中国人所特有的清淡、恬静、明净自然的人文气息。因此，茶艺表演者不仅应讲究外在形象的塑造，更应注重内在气质的培养。

1. 从容优雅

泡茶是用开水冲泡茶叶，使茶叶中可溶物质溶解于水成为茶汤的过程。完成泡茶过程容易，而泡茶过程中从容优雅的神态并不是人人都能体现的。这要求表演者不仅要有广博的茶文化知识、较高的文化修养，还要对茶道内涵有深刻的理解，否则纵有佳茗在手，也无缘领略其真味。

茶艺表演既是一种精神享受，也是一种艺术展示，是修身养性、提高道德修养的手段。从容，并不等于缓慢，而是熟悉了冲泡步骤后的温文尔雅、井井有条。优雅，也不是故作姿态，而是了解茶、熟知茶、融入茶的意蕴后的再现。

2. 自然和谐

有茶艺表演，就有与观众的交流。举止是至关重要的，人的举止表露着人的思想及情感，它包括动作、手势、体态、姿态的和谐美观及表情、眼神、服装、佩饰的自然统一。因为成功的表演，不只是冲泡一杯色香味俱佳的好茶的过程，同时表演本身也是一次赏心悦目的享受。因此，必须在平时的训练中全身心地投入，在动作和形体训练的过程中，融入心灵的感受，体会茶的奉献精神和纯洁无私，与观众产生共鸣。

陆羽的《茶经》将茶道精神理论化，其茶道崇尚简洁、精致、自然的同时，体现着人文精神的思想情怀。在中国传统文化中，和谐是一种重要的审美尺度。茶道也是如此，要使人们感受茶道中的隽永和宁静，从有礼节的茶艺表演中感悟时间、生命和价值。

3. 清神稳重

(1) 稳定镇静而不出差错地冲泡一道茶是茶艺表演的最基本要求。实践中，每一个握杯、提壶的动作都要有一定的力度、统一的高度。如往杯中注水都有不同的方法和速度，小臂、肩膀的动作应注重轻柔、平衡，整个身躯必须挺拔秀美，而无论坐、站、行、走都要讲究"沉"和"收"。

(2) 茶重洁性，泉贵清纯，都是人们所追求的品性。人与自然有着割舍不断的缘分。表演中追求的是在宁静淡泊、淳朴率直中寻求高远的意境和"壶中真趣"，在淡中有浓、抱朴含真的泡茶过程中，无论对于茶与水，还是对人和艺都是一种超凡的精神，是一种高层次的审美探求。

(3) 初学茶艺者在模仿他人动作的基础上，要不断学习，加深思索，由形似到神似，最终独树一帜,形成自己的风格。

(4) 要想成为一名优秀的茶艺表演者,不仅要注意泡茶过程是否完整,动作是否准确到位,而且要增加自身的文化修养,充分领悟其何处是序曲、何处是高潮,这样才能成功地为这一过程画上圆满的休止符。

四、茶艺表演的气质要求

1. 深厚的文化底蕴

中国是一个文明古国,有着悠久的历史和灿烂的文化。千百年来形成了独特的东方文化。中国是茶的故乡,饮茶是中国人的传统习俗。因此,中国的茶艺在其形成和发展过程中,吸取了中国传统文化的营养和精髓,具有鲜明的民族特色。这就要求茶艺表演者有深厚的文化功底,这样才能表达出茶艺的"精、气、神"。

2. 完美的艺术造诣

茶艺表演是技术和艺术的结合,是表演者(或茶人)在茶事过程中以茶为媒介去沟通自然、内省自性、完善自我的艺术追求。内在气质不是一时能够炼成的,需要表演者增加自身的文化修养,不断加深对茶道精神的理解,才能由形似到神似,最终真正表现出茶艺之真谛。

五、茶艺师的职业道德和职业守则

(一) 茶艺师的职业道德

茶艺师的职业道德在整个茶艺工作中具有重要的作用。它反映了道德在茶艺工作中的特殊内容和要求,不仅包括具体的职业道德水平,还包括反映职业道德本质特征的道德原则。只有正确理解和把握职业道德,才能加深对具体职业道德的理解,从而自觉地按照职业道德的要求去做。

(1) 讲究原则与规范。原则,即人们活动的根本准则;规范,即人们言论、行动的标准。职业道德体系包含一系列职业道德规范,而职业道德的原则,就是这一系列道德规范中所体现出的最根本的、最具代表性的道德准则,它是茶艺从业人员进行茶艺活动时应该遵循的最根本的行为准则,是指导整个茶艺活动的总方针。职业道德不仅是茶艺从业人员进行茶艺活动的根本指导原则,而且是对每个茶艺工作者的职业行为进行职业评价的基本准则。同时,职业道德也是茶艺工作者茶艺活动动机的体现。如果一个人从保证茶艺活动的全局利益出发,另一个人却从保证自己的利益出发,那么,虽然二人同样遵守了规章制度,但是他们行为的动机(道德原则)不同,则他们体现的道德价值也是不一样的。

(2) 热爱本职工作,是一切职业道德最基本的要求。对于茶艺从业人员而言,热爱茶艺工作是一个道德认识问题,如果对茶艺工作的性质、任务以及它的社会作用和道德价值等毫无了解,那就不是真正的热爱。

茶艺是一门新兴的学科,同时它已成为一种行业,并承载着宣传茶文化的重任。茶是和平的象征,通过各种茶艺活动可以增进各国人民之间的友谊。开展民间性质的茶文化交流,可以实现政治和经济的"双丰收"。作为一项文化事业,茶艺事业能促进祖国传统文化的发展,丰富人们的文化生活,满足人们的精神需求,其社会效益是显而易见的。茶艺事业的道德价值表现为：人们在品茶过程中得到了茶艺从业人员所提供的各种服务，不仅品尝了香茗，而且增长了茶艺知识，开阔了视野，陶冶了情操，净化了心灵，更看到了中华民族悠久的历史和灿烂的茶文化。另外，茶艺从业人员在茶艺服务过程中处处为品茶的顾客着想，尊重他们，关心他们，做到主动、热情、耐心、周到，而且诚实守信，一视同仁，不收小费，充分体现了新时代人与人之间的新型关系。茶艺从业人员只有真正了解和体会到这些，才能从内心激起热爱茶艺事业的道德情感。

（3）茶艺行业职业道德的基本原则是尽心尽力为品茶的顾客服务，这不只是道德意识问题，更重要的是道德行为问题，也就是说必须要落实到服务态度和服务质量上。所谓服务态度，是指茶艺从业人员在接待品茶对象时所持的态度，一般包括心理状态、面部表情、形体动作、语言表达和服饰打扮等。所谓服务质量，是指茶艺从业人员在为品茶对象提供服务的过程中所应达到的要求，一般应包括服务的准备工作、品茗环境的布置、操作的技巧和工作效率等。在茶艺服务中，服务态度和服务质量具有特别重要的意义。首先，茶艺服务是一种面对面的服务，茶艺从业人员与品茶对象间的感情交流和相互反应非常直接。其次，茶艺服务的对象是一些追求较高生活质量的人，他们在物质享受和精神享受上不但比一般服务业的顾客要高，而且也超出他们自己的日常生活要求，所以他们都特别需要人格的尊重和生活方面的关心、照料。再次，茶艺服务的产品往往是在提供的过程中就被顾客享用了，所以要求一次性达标。从茶艺服务的进一步发展来看，茶艺从业人员也要重视服务态度的改善和服务质量的提高，使之不断增强自制力和职业敏感性，形成高尚的职业风格和良好的职业习惯。

（二）茶艺师的职业守则

1. 热爱专业

热爱专业是职业守则的首要一条，只有对本职工作充满热爱，才能积极、主动、有创造性地工作。茶艺工作是经济活动中的一个组成部分，做好茶艺工作，对促进茶文化的发展、市场的繁荣，以及满足消费、促进社会物质文明和精神文明的发展、加强与世界各国人民的交流等方面，都有着重要的现实意义。因此，茶艺从业人员要认识茶艺工作的价值，热爱茶艺工作，了解职业的岗位职责、要求，以较高的职业水平完成茶艺服务任务。

2. 遵守茶艺职业纪律

茶艺职业纪律，是指茶艺从业人员在茶艺服务活动中必须遵守的行为准则，它是正常进行茶艺服务活动和履行职业守则的保证。茶艺职业纪律包括劳动、组织、财务等方面的要求。所以，茶艺从业人员在服务过程中要有服从意识，听从指挥和安排，使工作处于有序状态，并严格执行各项制度，如考勤制度、安全制度等。此外，满足服务对象的需求是茶艺工作的根本目的。因此，茶艺从业人员要在维护顾客利益的基础上方便顾客、服务顾客，为顾客排忧解难。

3. 热情礼貌服务

礼貌待客、热情服务是茶艺工作最重要的业务要求和行为规范之一，也是茶艺职业道德的基本要求之一。它体现出茶艺从业人员对工作的积极态度和对他人的尊重，这也是做好茶艺工作的基本条件。文明用语是茶艺从业人员在接待顾客时使用的一种礼貌语言。它是茶艺从业人员用来与顾客进行交流的重要交际工具，同时又具有体现礼貌和提供服务的双重特性。文明用语是通过外在形式表现出来的，如说话的语气、表情、声调等。因此，茶艺从业人员在与顾客交流时要语气平和、态度和蔼、热情友好，这一方面是来自茶艺从业人员内在的素质和敬业精神，另一方面需要茶艺从业人员在工作中不断训练自己。运用好语言这门艺术，不仅能正确表达茶艺从业人员的思想，而且能更好地感染顾客，从而提高服务的质量和效果。对于茶艺从业人员来说，整洁的仪容、仪表，端庄的仪态，不仅是个人的修养问题，也是服务态度和服务质量的一部分，更是职业道德规范的重要内容和要求。茶艺从业人员在工作中精神饱满、全神贯注，会给顾客以认真负责、可以信赖的感觉，而整洁的仪容、仪表，端庄的仪态则会体现出茶艺从业人员对顾客的尊重和对茶艺行业的热爱，从而给顾客留下美好的印象。

4. 真诚守信

真诚守信和一丝不苟是做人的基本准则，也是一种社会公德。对茶艺从业人员来说，真诚守信、一丝不苟也是一种态度，它的基本作用是树立信誉，树立起值得他人信赖的道德形象。

一个茶艺馆，如果不重视茶品的质量，不注重为顾客服务，只是一味地追求经济利益，那么这个茶艺馆将会信誉扫地；反之，则会赢得更多的顾客，也会在竞争中占据优势。

5. 钻研业务

茶艺从业人员要主动、热情、耐心、周到地接待顾客，了解不同顾客的品饮习惯和特殊要求，熟练掌握不同茶品的沏泡方法。这与日常茶艺从业人员不断钻研业务、精益求精有很大的关系，它不仅要求茶艺从业人员要有正确的动机、良好的愿望和坚强的毅力，而且要有正确的途径和方法。学好茶艺的有关业务知识和操作技能有两条途径：一是要从书本中学习，二是要向他人学习，积累丰富的业务知识，提高技能水平，并在实践中加以检验。以科学的态度认真对待自己的职业实践，这样才能练就过硬的基本功，也就是茶艺的操作技能，更好地适应茶艺工作。

六、茶艺服务礼仪规范

茶客登门，要主动、热情地接待。迎宾员主要是迎接客人入门，其工作质量、效果将直接影响茶艺馆的营运状态。而送宾礼仪是整体服务过程中的最终环节，是保证服务质量善始善终，赢得更多"座上客"的不可忽视的重要环节。因此，对茶艺人员迎宾、送宾礼仪方面的技能培训至关重要。表2-1为茶艺馆各种服务的操作标准。

表2-1 茶艺服务项目和操作标准

项目	操 作 标 准
迎宾服务	1. 微笑迎客，使用礼貌用语，迎宾入门。 2. 询问用茶人数及预订情况，将客人引领到正确的位置。 3. 如宾客随身携带较多物品或行走有困难，应征询宾客同意后给予帮助。 4. 如遇雨天，要主动为宾客套上伞套或寄存雨伞。 5. 若座位客满，向客人做好解释工作，有位置时立即安排。 6. 耐心解答客人有关茶品、茶点、茶肴及服务、设施等方面的询问。 7. 婉言谢绝衣冠不整者入内

续表

项目		操 作 标 准
送客服务		1. 当宾客准备离去时,轻轻拉开椅子,提醒宾客带好随身物品。 2. 送客要送到厅堂口,让宾客走在前面,自己走在宾客后面(约1米距离)护送客人。 3. 客人离店时,应主动拉门道别,真诚礼貌地感谢客人,并欢迎其再次光临
茶馆饮茶服务	茶前准备	1. 保持茶艺馆厅堂整洁、环境舒适、桌椅整齐。做到地面无垃圾,桌面无油腻,门窗无积灰,洗手间无异味、无污垢。 2. 由厅堂领班检查茶艺服务人员仪表及各类物品准备是否充分、器皿是否洁净、供应品种及开水是否准备妥当
	茶中服务	1. 站立迎接,引客入座。首先安排年老体弱者在进出较为方便处就座。如在正式场合,在了解客人身份后,应将主宾安排在主人左侧。 2. 在客人即将入座前,主动为客人拉开椅子,送上湿巾、茶单,并介绍供应茶品,也可将茶叶样品拿来展示,让客人挑选。 3. 及时按顺序上茶。上茶时左手托盘,端平拿稳,右手在前护盘,脚步小而稳,走到客人座位右侧,侧身右脚前伸一步,左手臂展开使茶托盘的位置在客人的身后,右手端杯子中部,盖碗杯端杯托,从主宾开始,按顺时针方向将茶杯轻轻放在客人的正前方,并报上各自茶名(上茶前,绿茶应事先浸润,花茶、红茶可事先泡好,乌龙茶可到台面上当场冲泡),然后请客人先闻茶香,闻香完毕,茶艺服务人员选择一个合适的固定位置,用水壶将每杯冲至七分满,并说:"请用茶。" 4. 客人用茶过程中,当杯中水量为1/2时,应及时添水;如果客人面前有热水瓶或电热煮水器,应随时保持这些器皿中有充足的开水。 5. 如需上茶食、茶点,事先应上筷子、牙签、调料等物品;上茶食时,应从冲茶水的固定位置上轻轻落盆(盘),并介绍菜肴名称、特点;每上一道茶食,要进行桌面调整,切忌碟盘;如果客人点有果壳的食品,应及时送上果壳篮或果壳盆;桌面上有水迹或杂物时,应及时拭干和清理,以保持桌面的清洁
	茶后工作	主动送客,收拾茶具,清洁桌面、椅凳并按原位置摆放整齐,保持茶楼营业场所及桌面的整洁,以便接待下一批客人
独立茶室饮茶服务		1. 按茶单的茶叶品种准备好各种茶叶。 2. 准备好泡茶用水。 3. 准备干净、整洁的各类茶具。 4. 客人入座后按茶单点茶。 5. 客人点不同的茶,茶艺人员要用不同的茶具及不同的冲泡方法泡茶并进行讲解
会议饮茶服务	小型会议饮茶服务	1. 服务员为客人沏茶之前,首先要洗手,并洗净茶杯,杯内不得存有茶垢。 2. 要特别注意茶杯有无破损或裂纹,破的茶杯要更换。 3. 如果用茶水和茶点一同招待客人,应先上茶点,茶点盘应事先摆放好。 4. 不能用旧茶或剩茶待客,必须沏新茶。 5. 茶水不要沏得太浓或太淡,每杯茶斟七成满即可。 6. 上茶时把茶杯放在杯托上,待客人坐定后,一同敬给客人,杯把放在客人的右侧,如果客人饮用红茶,可准备好方糖,请客人自取。 7. 上茶时,应注意站在客人右侧;先给主宾上,再依次给其他客人上

续表

项目		操作标准
会议饮茶服务	大、中型会议饮茶服务	1. 客人入座后，由服务员为客人倒水沏茶。 2. 倒水时服务员应站在客人的右侧，左手拿壶，右手拿杯。 3. 圆桌会议，服务员要从主位开始按顺时针方向依次倒水，而长桌会议，服务员就要按从里向外的顺序倒水。 4. 在开会的过程中，服务员要注意观察，适时送水
	茶话会饮茶服务	1. 服务员根据茶话会的人数备齐茶杯、茶垫和茶壶，如一桌10人，茶壶应有2把，茶壶下面要放垫碟。 2. 将保温瓶装满开水。茶话会前5分钟在茶杯内放入茶叶，加上少许开水，把茶叶闷上，待客人到达后为客人加水。 3. 斟茶时要站在客人右侧，不要将茶水滴在桌面或客人身上，并告诉客人茶叶的名称。 4. 在茶话会的整个过程中，要随时注意为客人续斟茶水，当发现壶内茶水过淡时要马上更换，重新泡茶
餐厅饮茶服务	早餐开茶服务	1. 开餐前准备好各种茶叶。 2. 根据客人对茶叶的喜好，介绍适宜的品种。 3. 为客人沏茶时，要注意卫生操作的要求，不允许用手抓茶叶，应用茶勺取茶，并注意取量准确。 4. 沏好茶后，应逐一从客人的右侧斟倒。 5. 斟茶时，右手执壶，左手托壶下的垫盘，茶水不宜斟得过满，以七分满为准。 6. 斟完第一杯茶后，把壶放在餐台上，茶壶嘴不要朝向客人，客人人数超过6位时，应上2把茶壶。 7. 随时注意加满茶壶中的开水，并掌握茶水的浓淡
	午餐晚餐饮茶服务	1. 服务员将茶沏好后，将茶杯放在茶碟里，斟至七成满，放在托盘中，从客人的右侧一一送上。 2. 在有些高档次的餐厅里，上茶服务非常讲究，有专门负责茶水服务的茶博士。客人入座后，茶博士将装有各种茶叶的手推车推至餐桌旁，向客人介绍各种茶叶的名称，请客人点茶。 3. 客人点茶后，茶博士将茶叶放入盖碗中，当着客人的面用一把长嘴大铜壶将茶沏上后端送给客人

第二部分　客源国礼仪禁忌

礼仪禁忌，要学会尊重

各个民族、国家都有一定的礼仪禁忌，茶艺师在接待不同民族、不同国籍的客人时，要注意这些礼仪禁忌，以免出现不必要的误会。

（一）颜色禁忌

在中国，传统上认为白色是不吉利的；埃及人、比利时人忌蓝色；日本人认为绿色是不祥的颜色；西方人忌讳黑色和棕色；蒙古人和俄罗斯人十分讨厌黑色；巴西人认为黄色色系的颜色类似于落叶，是不好的征兆，而紫色是悲哀的颜色；叙利亚人和埃塞俄比亚人忌用黄色，认为黄色代表死亡。

（二）数字禁忌

4：在中国、韩国和日本，4都是不吉利的数字。日本人忌4、6、9几个数字，因为它们的发音分别近似"死""无赖"和"劳苦"，都是不吉利的。

13：西方人和基督教徒认为13是十分不吉利的数字，因为耶稣就是被第13个门徒给出卖的。俄罗斯人也忌讳13，认为这个数字是凶险和死亡的象征，而7在他们看来却意味着幸运和成功。

13日和星期五：在中东和西方国家，认为这是十分凶险的日子。

6：泰语中是"不好"的意思，因此在泰国6被认为是不吉利的数字。

（三）花卉禁忌

在欧洲菊花被认为是墓地之花，忌用菊花送礼；日本人忌用菊花作为室内装饰物。在国际交际场合，忌将菊花、杜鹃花、石竹花、黄色的花献给客人，已成为惯例。

俄罗斯人送女主人的花束一定要送单数。送给男子的花必须是高茎、颜色鲜艳的大花。

瑞士的国花是金合欢花，瑞士人认为红玫瑰带有浪漫色彩。因此，送花给瑞士朋友时不要随便用红玫瑰，以免误会。

巴西人忌讳黄色和紫色的花，认为紫色是不吉祥的色调，视黄色为凶丧的色。

在日本，给病人送花不能有带根的，因为"根"的发音近于"困"，使人容易与"一睡不起"联想在一起。日本人忌讳荷花。

（四）举止禁忌

中东地区：忌用左手传递东西。

伊朗：跷起大拇指是一种侮辱。

英国：与英国人洽谈时，有三条忌讳：（1）忌系有纹的领带（因为带纹领带可能被认为是军队或学生校服领带的仿制品）；（2）忌以皇室的家事为谈话内容；（3）不要把英国人称呼为"英国人"。

法国：与法国人洽谈时，严禁过多地谈论个人私事。因为法国人不喜欢谈论家庭及个人生活的隐私。

南美：与南美人洽谈时，宜穿深色服装，谈话宜亲热并且距离靠近一些，忌穿浅色服装，忌谈当地政治问题。

德国：德国人很注重工作效率。因此，同他们洽谈时，严禁神聊或节外生枝地闲谈。

（五）图案禁忌

英国：大象代表蠢笨，是禁用的图案。

欧洲国家：蝙蝠是凶煞神（在中国是吉祥的图案）。

日本：狐狸和獾是贪婪狡诈的象征。

北非一些国家：禁用狗的图案（在欧美视狗为忠诚的伴侣）。

情境三

茶叶的品鉴

茶叶鉴赏

实训目的

通过本情境的训练，掌握绿茶、红茶、黄茶、白茶、乌龙茶、花茶等不同茶叶的分类，熟悉各种茶叶品质的感官审评方式。

知识背景

爱茶，自然喜欢欣赏茶叶，从茶叶去发现茶的文化美、天然美。在爱茶的人眼里，茶叶是带着人文气息的大自然产物，如何鉴赏茶叶，成了茶文化不可缺少的一部分。鉴赏茶叶，主要有三看、三闻、三品、三回味，只有综合应用、相互补充这些方法，才能欣赏到茶的全貌。

情境导入

龙凤茶楼要选购一批茶叶，小刘作为采购人员被经理派往茶叶基地负责选购不同种类的茶叶。如果你是小刘，你将如何对不同种类的茶叶进行鉴赏？

工作任务一　绿茶的品鉴

任务导入

小刘在茶叶展览会上准备选择一批绿茶，他该选择哪些品质好的绿茶？请你为小刘制作一个绿茶品鉴的表格，包括分类、鉴别方法和图片。

任务分析

通过本任务的训练，学生可了解绿茶的分类，熟悉绿茶品质的感官审评指标，掌握西湖龙井、碧螺春、信阳毛尖、黄山毛峰、太平猴魁、六安瓜片的感官审评方法。

任务实施

1. 资料收集
（1）绿茶的工艺。
（2）绿茶的分类。
（3）绿茶的品鉴方法。

2. 计划分工
（1）分工查询资料。
（2）分工整理资料。
（3）资料收集需要哪些方法与途径？

3. 任务实施
（1）进行资料汇总。
（2）分析资料。
（3）小组练习展示。

4. 任务检查
（1）表格制作是否完整？
（2）绿茶的品鉴解答是否正确？

综合测评

专业：　　　　　班级：　　　　　学号：　　　　　姓名：

测试内容	应得分	自我评估	小组评估	教师评估
西湖龙井	20 分			
碧螺春	20 分			
信阳毛尖	15 分			
黄山毛峰	15 分			
太平猴魁	15 分			
六安瓜片	15 分			
合计分数 100 分				

考核时间：　　年　月　日　　　　考评教师（签名）：

名称	产地	成品茶品质特征	图片
西湖龙井	产于浙江省杭州西湖的狮峰、龙井、五云山、虎跑、梅家坞一带	以色翠、香郁、味醇、形美四绝著称于世，素有"国茶"之称。形似碗钉光扁平直，色泽略黄似糙米色；内质汤色碧绿清莹，香气幽雅清高，滋味甘鲜醇和，叶底细嫩成朵	

续表

名称	产地	成品茶品质特征	图片
碧螺春	产于江苏省太湖中的东洞庭山和西洞庭山一带	碧螺春以芽嫩、工细著称。外形条索纤细,卷曲成螺,茸毫密披,银绿隐翠,内质汤色清澈明亮,嫩香明显,滋味浓郁甘醇,鲜爽生津,回味绵长,叶底嫩绿显翠	
信阳毛尖	产于河南省信阳市车云山、集云山、天云山、云雾山、连云山、黑龙潭、白龙潭、何家寨,俗称"五云两潭一寨"	外形条索细圆紧直,色泽翠绿、白毫显露;内质汤色青绿明亮,香气鲜高,滋味鲜醇,叶底芽壮、嫩绿匀整。素有"色翠、味鲜、香高"之称	
黄山毛峰	产于安徽省著名的黄山境内	外形芽叶肥壮匀齐,白毫显露,形似雀舌,色似象牙,黄绿油润,叶金黄;内质汤色清澈明亮,清高高爽,味鲜浓醇和,叶底匀嫩成朵、匀齐活润	
太平猴魁	产于安徽省黄山市黄山区新明乡和龙门乡。魁尖是尖茶中的珍品,猴魁又是在魁尖基础上的精益求精	外形色泽翠绿、白毫多而显露;内质汤色黄绿清澈,香气纯正,滋味醇厚回甘	

续表

名称	产地	成品茶品质特征	图片
六安瓜片	产于长江以北、淮河以南的皖西大别山区,以安徽省六安、金寨、霍山三县所产最为著名	外形片状,叶微翘,形似瓜子,色泽杏绿润亮;内质汤色青绿泛黄,香气芬芳,滋味鲜浓,回味甘美,颇耐冲泡,叶底黄绿明亮	

知识链接

绿茶是未经发酵制成的茶,保留了鲜叶的天然物质,含有的茶多酚、儿茶素、叶绿素、咖啡因、氨基酸、维生素等营养成分也较多。绿茶中的这些天然营养成分对防衰老、防癌、抗癌、杀菌、消炎等具有特殊效果,是其他茶类所不及的。绿茶是以适宜茶树新梢为原料,经杀青、揉捻、干燥等典型工艺过程制成的茶叶。其干茶色泽和冲泡后的茶汤、叶底以绿色为主调,故名绿茶。清汤绿叶是绿茶的特点。中国生产绿茶的范围极为广泛,河南、贵州、江西、安徽、浙江、江苏、四川、陕西(陕南)、湖南、湖北、广西、福建是我国绿茶的主产省份。

一、绿茶的加工工艺

1. 蒸青绿茶的加工工序

鲜叶→蒸汽杀青→粗揉→中揉→精揉→烘干→成品。

2. 炒青绿茶的加工工序

鲜叶→杀青→揉捻(或不揉,在锅里造型)→烘干→成品。

3. 烘青绿茶的加工工序

鲜叶→杀青→揉捻→烘干→成品。

4. 晒青绿茶的加工工序

鲜叶→杀青→揉捻→晒干→成品。

二、名茶掌故

(一)碧螺春

在江苏太湖的洞庭山上,出产一种"铜丝条、螺旋形、浑身毛、吓煞香"的名茶,叫"碧螺春"。据清王应奎《柳南随笔》载:"洞庭山碧螺峰石壁产野茶,初未见异。清康熙某年,按候而采,因筐不胜载而置林间。茶得热气,异香忽发,采茶者争呼吓煞人香。吓煞人吴俗方言也,遂以此为名。自后土人采茶,悉置林间,而朱正元家所制独精,价值尤昂。己卯,车驾幸太湖,改名曰碧螺春。"

说起碧螺春茶的来历,民间有一个动人的传说。

很早以前,西洞庭山上住着一位名叫碧螺的姑娘,东洞庭山上住着一个名叫阿祥的小伙子。两人心里深深相爱着。有一年，太湖中出现一条残暴的恶龙，扬言要碧螺姑娘，阿祥决心与恶龙决一死战。一天晚上，阿祥操起渔叉，潜到西洞庭山同恶龙搏斗，一直斗了七天七夜，双方都筋疲力尽了，阿祥昏倒在血泊中。碧螺姑娘为了报答阿祥救命之恩，亲自照料阿祥。可是阿祥的伤势一天天恶化。一天，姑娘找草药来到了阿祥与恶龙搏斗的地方，忽然看到一棵小茶树长得特别好，心想：这可是阿祥与恶龙搏斗的见证，应该把它培育好，至清明前后，小茶树长出了嫩绿的芽叶，碧螺采摘了一把嫩梢，回家泡给阿祥喝。说也奇怪，阿祥喝了这茶，病居然一天天好起来了。阿祥得救了，姑娘心上沉重的石头也落了地。就在两人陶醉在爱情的幸福之中时，由于她将精力和元气都凝结在了茶苗上，碧螺的身体再也支撑不住，她倒在阿祥怀里，再也睁不开双眼了。阿祥悲痛欲绝，就把姑娘埋在洞庭山的茶树旁。从此，他努力培育茶树，采制名茶。"从来佳茗似佳人"，为了纪念碧螺姑娘，人们就把这种名贵的茶叶取名为"碧螺春"。俞寿康先生引诗赞云：

> 从来隽物有嘉名，物以名传愈见珍。
> 梅盛每称香雪海，茶尖争说碧螺春。
> 已知焙制传三地，喜得揄扬到上京。
> 吓杀人香原夸语，还须早摘趁春分。

（二）太平猴魁茶

太平猴魁扁平挺直，魁伟重实，简单地说，就是其个头比较大，两叶一芽，叶片长达5~7厘米，这是独特的自然环境使其鲜叶保持了较好的嫩性，这也是太平猴魁独一无二的特征，其他茶叶很难鱼目混珠。冲泡后，芽叶成朵肥壮，有若含苞欲放的白兰花。此乃极品的显著特征，其他级别形状相差甚远，则要从色、香、味仔细辨识。

20世纪初，南京叶长春茶庄到太平县三门村猴坑一带收购茶叶。他们派人从成茶中挑拣出幼嫩茶叶单独包装。运回南京后，以"奎尖"为茶名高价销售，获利甚丰。家住猴坑的茶农王魁成（外号王老二）从中受到启发。他改为从采摘鲜叶起就选出一芽二叶进行加工，以"王老二奎尖"茶名投入南京市场，深受茶客欢迎。

"奎尖"在南京热销，引起了太平县三门茶人刘敬之的留意，他即收购了数斤，经品尝，此茶两头尖，不散不翘不卷边，头泡香高，二泡味浓，三泡、四泡茶香犹存，确是绿茶中的精品。1910年，南洋劝业会在南京举办。刘敬之即请挚友苏锡岱帮忙，将此茶放到会上展出。苏锡岱提出，为区别其他尖茶，用产地猴坑的"猴"字，取茶农王魁成名中的"魁"字，定名为"太平猴魁"，在南洋劝业会上一举获得优等奖。1915年，苏、刘二人再度联手，将此茶送至美国举办的巴拿马万国博览会，获得金奖。次年，江苏省办展会，再获金奖，"太平猴魁"盛名远播，成为全国名茶之一。

工作任务二　红茶的品鉴

任务导入

小刘在茶叶展览会上准备选择一批红茶，他该选择哪些品质好的红茶？请你为小刘制作一个红茶品鉴的表格，包括分类、鉴别方法和图片。

任务分析

通过本任务的训练，学生可了解红茶的分类，熟悉红茶的感官审评指标，掌握坦洋工夫茶、滇红工夫茶、英红工夫茶、宜红工夫茶、宁红工夫茶、川红工夫茶的感官审评方法。

任务实施

1. 资料收集

（1）红茶的工艺。

（2）红茶的分类。

（3）红茶的品鉴方法。

2. 计划分工

（1）分工查询资料。

（2）分工整理资料。

（3）资料收集需要哪些方法与途径？

3. 任务实施

（1）进行资料汇总。

（2）分析资料。

（3）小组练习展示。

4. 任务检查

（1）表格制作是否完整？

（2）红茶的品鉴解答是否正确？

综合测评

专业：　　　　　班级：　　　　　学号：　　　　　姓名：

测试内容	应得分	自我评估	小组评估	教师评估
坦洋工夫茶	20分			
滇红工夫茶	20分			
英红工夫茶	20分			
宜红工夫茶	20分			
宁红工夫茶	20分			
合计分数100分				

考核时间：　　年　月　日　　　　考评教师（签名）：

名称	产地	成品茶品质特征	图片
坦洋工夫茶	产于福建省福安县坦洋乡	大叶种外形条索肥壮，色泽橙红，金毫多；小叶种外形条索细紧，色泽乌润。"金针王"外形条索紧结匀称，色泽乌黑油润稍显白毫；内质汤色红艳，香气清甜，滋味甘醇，叶底鲜红明亮	
滇红工夫茶	产于云南省凤庆、临沧、双江、云县、昌宁、镇康等地	外形颗粒紧结，身骨重实，色泽调匀；内质冲泡后汤色红艳，金圈明显，香气馥郁，滋味鲜爽；叶底红亮	
英红工夫茶	位于广东英德市东北约20千米，地居大庚岭的瑶山以南	外形匀净优美，身骨紧实，色泽乌润，金毫显露；内质汤色红艳，香气浓郁，尤以秋茶高香为最，滋味浓烈，叶底鲜红明亮	
宜红工夫茶	产于湖北宜昌、施恩五峰、宜都、鹤峰等地	外形颗粒重实；内质汤色红艳，香味强烈鲜爽、浓厚，堪称浓鲜皆备、色香味俱佳的优质产品	
宁红工夫茶	产于江西修水、武宁、铜鼓等地	外形条索紧实圆直，锋苗挺拔，略显红筋，色乌略红光润；内质汤色红亮，香高持久，滋味醇厚甘爽，叶底红匀	

> **知识链接**

红茶，英文为 black tea。红茶在加工过程中发生了以茶多酚酶促氧化为中心的化学反应，鲜叶中的化学成分变化较大，茶多酚减少90%以上，产生了茶黄素、茶红素等新成分。香气物质比鲜叶明显增加，所以红茶具有红茶、红汤、红叶和香甜味醇的特征。我国红茶品种以祁门红茶最为著名，为我国第二大茶类。红茶属全发酵茶，是以适宜的茶树新芽叶为原料，经萎凋、揉捻（切）、发酵、干燥等一系列工艺过程精制而成的茶。萎凋是红茶初制的重要工艺，红茶在初制时称为"乌茶"。红茶因其干茶冲泡后的茶汤和叶底色呈红色而得名。中国红茶品种主要有：日照红茶、祁红、昭平红、霍红、滇红、越红、泉城红、苏红、川红、英红、东江楚云仙红茶等，尤以祁门红茶最为著名。

一、红茶的制作工艺

1. 工夫红茶的加工工序

鲜叶→萎凋（室内自然或加温或日光）→揉捻（揉成条形）→发酵（色由绿变红）→烘干（毛火、足火）→成品。

2. 小种红茶的加工工序

鲜叶→日光萎凋→揉捻→发酵→过红锅→复揉→成品。

3. 红碎茶的加工工序

鲜叶→萎凋→揉切（转子机或CTC机切小颗粒）→发酵→烘干→成品。

二、名茶掌故

（一）祁门红茶

祁门红茶主要的产地在安徽省祁门县一带，当地的自然条件以及生产条件优越，从鲜叶采摘、分级到加工制作，全部过程都在严密的控制下完成。祁门红茶简称"祁红"，主要以高香著称，因为具有独特的清高鲜爽的香气，所以深受国内外的好评。国际上都将祁门红茶的独特香味称为祁门香，英国人有喝下午茶的习惯，很多人都把能够喝到祁门红茶作为一种莫大的享受。

祁门红茶的干茶形状秀美紧细，色泽乌亮，能够闻到一股清香的味道，带有蜜糖香与兰花香。冲泡之后，香气更加清爽浓郁，特别提神，汤色红亮清澈，滋味比较甘醇，是红茶中的经典。一些劣质的或者是低档的祁门红茶，味道苦涩，外形不整齐。

胡元龙（1836—1924），字仰儒，祁门南乡贵溪人。他博读书史，兼进武略，年方弱冠便以文武全才闻名乡里，被朝廷授予世袭把总一职。胡元龙曾对子孙说："书可读，官不可做。"并撰厅联一对曰"做一等人忠臣孝子，为两件事读书耕田"。

胡元龙轻视功名，注重工农业生产，18岁时辞弃把总官职，在贵溪村的李村坞筑5间土房，栽4株桂树，名之曰"培桂山房"，在此垦山种茶。清光绪以前，祁门不产红茶，只产安茶、青茶等，当时销路不畅。光绪元年（1875），胡元龙在培桂山房筹建日顺茶厂，用自产茶叶，请宁州师傅舒基立按宁红经验试制红茶。经过不断改进提高，到光绪八年（1883），终于制成色、香、味、形俱佳的上等红茶，胡云龙也因此成为祁红创始人之一。

祁红一向以高香著称，其独特的清鲜持久的香味，被国内外茶师称为砂糖香或苹果香，并蕴藏有兰花香，清高而长，独树一帜，国际市场上称之为"祁门香"。

祁红主要远销英国，在伦敦茶叶市场，祁红被誉为茶中英豪。每当祁红新茶上市，人们争相竞购，传扬"中国的祁门香来了"。

工作任务三　黄茶的品鉴

任务导入

小刘在茶叶展览会上准备选择一批黄茶，他该选择哪些品质好的黄茶？请你为小刘制作一个黄茶品鉴的表格，包括分类、鉴别方法和图片。

任务分析

通过本任务的训练，学生可了解黄茶的分类，熟悉黄茶的感官审评指标，掌握君山银针、北港毛尖、蒙顶黄芽、温州黄汤、莫干黄芽、建德苞茶的感官审评方法。

任务实施

1. 资料收集

（1）黄茶的工艺。

（2）黄茶的分类。

（3）黄茶的品鉴方法。

2. 计划分工

（1）分工查询资料。

（2）分工整理资料。

（3）资料收集需要哪些方法与途径？

3. 任务实施

（1）进行资料汇总。

（2）分析资料。

（3）小组练习展示。

4. 任务检查

（1）表格制作是否完整？

（2）黄茶的品鉴解答是否正确？

综合测评

专业：　　　　　　班级：　　　　　　学号：　　　　　　姓名：

测试内容	应得分	自我评估	小组评估	教师评估
君山银针	20分			
北港毛尖	20分			

续表

测试内容	应得分	自我评估	小组评估	教师评估
蒙顶黄芽	15分			
温州黄汤	15分			
莫干黄芽	15分			
建德苞茶	15分			
合计分数100分				

考核时间：　　年　月　日　　　　　　　　　　考评教师（签名）：

名称	产地	成品茶品质特征	图片
君山银针	产于湖南省洞庭湖君山	外形芽头茁壮，紧实挺直，芽身金黄；内质汤色橙黄，香气清纯，滋味甘爽；叶底嫩亮。冲泡后芽头陆续竖立杯中，宛如春笋出土，部分芽头能上下沉浮，形成"三起三落"的景观	
北港毛尖	产于湖南省岳阳市康王乡的北港	外形呈金黄色，毫尖显露；内质汤色橙黄，香气清高，滋味醇厚，叶底芽状叶肥	
蒙顶黄芽	产于四川省雅安市蒙顶山	外形扁直，芽匀整齐，鲜嫩显毫；内质汤黄而碧，香气甜香浓郁，黄绿明亮，味甘而醇，叶底嫩黄	

续表

名称	产地	成品茶品质特征	图片
温州黄汤	产于浙江省平阳、瑞安、泰顺、永嘉等地	外形条索细嫩，显芽毫，色泽嫩黄有光泽；内质汤色橙黄或金黄，香气清高幽远，滋味醇和鲜爽，叶底芽叶成朵	
莫干黄芽	产于浙江省德清县西北部	外形细嫩，芽壮毫显，色泽嫩黄油润；内质汤色嫩黄，芳香幽雅，滋味鲜爽，叶底明亮成朵	
建德苞茶	产于浙江省建德市梅城附近的山岭中及三都的深山峡谷内	外形芽叶成朵，茶芽满披茸毫，并带金黄鱼片和红蒂头，色泽黄绿；冲泡杯中，叶柄朝下，芽头朝上，浮沉杯中犹如天女散花；内质汤色橙黄，香气清幽，滋味鲜爽，叶底嫩匀成朵	

知识链接

　　黄茶属轻发酵茶类，按鲜叶老嫩、芽叶大小又分为黄芽茶、黄小茶和黄大茶。黄芽茶主要有君山银针、蒙顶黄芽和霍山黄芽、远安黄茶；如沩山毛尖、平阳黄汤、雅安黄茶等均属黄小茶；而安徽皖西金寨、霍山、湖北英山和广东大叶青则为黄大茶。黄茶的品质特点是"黄叶黄汤"。湖南岳阳为中国黄茶之乡。黄茶的加工工艺近似绿茶，只是在干燥过程的前或后，增加一道"闷黄"的工艺，促使其茶多酚、叶绿素等物质部分氧化。其制作过程为：鲜叶杀青揉捻——闷黄、干燥。黄茶的杀青、揉捻、干燥等工序均与绿茶制法相似，其最重要的工序在于闷黄，这是形成黄茶特点的关键，主要做法是将杀青和揉捻后的茶叶用纸包好，或堆积后以湿布盖之，时间以几十分钟至几个小时不等，促使茶坯在水热作用下进行非酶性的自动氧化，形成黄色。

一、黄茶的制作工艺

1. 湿坯闷黄的加工工序

鲜叶→杀青→初烘→摊放→初色（闷黄）→复烘→摊放→复色（闷黄）→干燥→熏烟→成品。

2. 干坯闷黄的加工工序

鲜叶→杀青→揉捻→初烘→堆积（闷黄）→烘坯→熏烟→成品。

二、名茶掌故

君山银针

君山银针的原名是白鹤茶。据说初唐时期，曾有一位名为白鹤真人的云游道士从海外仙山归来，随身带了八株神仙赐予的茶苗，他便将它们种在君山岛上。后来，他修建起了巍峨壮观的白鹤寺，又挖了一口白鹤井。白鹤真人取出白鹤井水冲泡仙茶，只见杯中有一股白气袅袅上升，水气中一只白鹤冲天而起，该茶由此而得名为"白鹤茶"。又由于该茶颜色金黄，形如黄雀的翎毛，也得别名"黄翎毛"。到后来，此茶传到了长安城，深得天子的厚爱，于是就将白鹤茶与白鹤井水都定为贡品。

有一年进贡的时候，船经过长江时，因为风浪颠簸把随船带来的白鹤井水弄洒了。押船的州官被吓得面如土色，急中生智的他，只能取江水鱼目混珠。运到长安之后，皇帝在泡茶的时候，只见茶叶上下浮沉也不见白鹤冲天，心中非常纳闷，随口说道："白鹤居然死了！"岂料金口这么一开，从此之后白鹤井的井水就枯竭了，白鹤真人也不知所踪了。但是白鹤茶仍然流传了下来，就成了今天的君山银针茶。

工作任务四　白茶的品鉴

任务导入

小刘在茶叶展览会上准备选择一批白茶，他该选择哪些品质好的白茶？请你为小刘制作一个白茶品鉴的表格，包括分类、鉴别方法和图片。

任务分析

通过本任务的训练，学生可了解白茶的分类，熟悉白茶品质的感官审评指标，掌握白毫银针、白牡丹、福建雪芽、贡眉的感官审评方法。

任务实施

1. 资料收集

(1) 白茶的工艺。

(2) 白茶的分类。

(3) 白茶的品鉴方法。

2. 计划分工

（1）分工查询资料。

（2）分工整理资料。

（3）资料收集需要哪些方法与途径？

3. 任务实施

（1）进行资料汇总。

（2）分析资料。

（3）小组练习展示。

4. 任务检查

（1）表格制作是否完整？

（2）白茶的品鉴解答是否正确？

综合测评

专业：　　　　　　班级：　　　　　　学号：　　　　　　姓名：

测试内容	应得分	自我评估	小组评估	教师评估
白毫银针	30 分			
白牡丹	30 分			
福建雪芽	20 分			
贡眉	20 分			
合计分数 100 分				

考核时间：　　年　月　日　　　　考评教师（签名）：

名称	产地	成品茶品质特征	图片
白毫银针	产于福建省福鼎、政和、松溪、建阳等地	外形芽针肥壮，满披白毫；内质汤色清澈晶莹，呈浅杏黄色，香气清爽，毫香显露，滋味鲜爽微甜；叶底银白，芽针完整。以透明玻璃杯品饮，用上投法泡，初为"银霜满地"，后茶芽吸水，沉浮错落有致，条条挺立，上下交错，望之如雨后春笋，蔚为奇观	
白牡丹	产于福建省政和、松溪、建阳、福鼎等县市	外形叶态自然，色面绿背白，有"青天白地"之称，叶脉微红，夹于绿叶、白毫之中，又有"红装素裹"之誉；内质汤色清纯，毫香明显，滋味甜醇，叶底成朵匀齐	

续表

名称	产地	成品茶品质特征	图片
福建雪芽	产于福建省福安市	外形芽多，枝状，自然展开，肥壮披毫，色银白带绿；内质汤色黄绿明亮，香高纯正，滋味鲜醇，叶底嫩匀	
贡眉	产于福建省南平市的松溪县、建阳市、建瓯市、浦城县等地	外形毫心明显，茸毫色白且多，叶长幼嫩，芽叶连枝，叶态紧卷如眉，匀整，破张少；色泽调和，洁净，无老梗、枳及腊叶，香气鲜爽；汤色浅黄色，清澈，滋味清甜醇爽；叶底叶色黄绿，叶质柔软匀亮	

知识链接

白茶属微发酵茶，是中国茶农创制的传统名茶，是中国六大茶类之一。白茶是一种采摘后不经杀青或揉捻，只经过晒或文火干燥后加工的茶。白茶具有外形芽毫完整，满身披毫，毫香清鲜，汤色黄绿清澈，滋味清淡回甘的品质特点，是中国茶类中的特殊珍品。白茶因其成品多为芽头，满披白毫，如银似雪而得名。主要产区在福建福鼎、政和、松溪、建阳和云南景谷等地。基本工艺包括萎凋、烘焙（或阴干）、拣剔、复火等工序。云南白茶工艺主要是晒青，晒青茶的优势在于口感保持茶叶原有的清香味。萎凋是形成白茶品质的关键工序。

一、白茶的制作工艺

白茶的加工工序：
鲜叶→萎凋→干燥→成品。

二、名茶掌故

白毫银针

福建省东北部的政和县盛产一种茶，色白如银形如针，据说此茶有明目降火的奇效，可治"大火症"，这种茶就叫"白毫银针"。

传说很早以前有一年，政和一带久旱不雨，瘟疫四起，在洞宫山上的一口龙井旁有几株仙草，草汁能治百病。很多勇敢的小伙子纷纷去寻找仙草，但都有去无回。有一户人家，家中有兄妹三人：志刚、志诚和志玉。三人商定轮流去找仙草。这一天，大哥来到洞宫山下，这时路旁走出一位老爷爷告诉他仙草就在山上龙井旁，上山时只能向前不能回头，否则采不到仙草。志刚一口气爬到半山腰，只见满山乱石，阴森恐怖，但忽听一声大喊"你敢往上闯！"志刚大惊，一回头，立刻变成了这乱石岗上的一块新石头。志诚接着去找仙草。在爬到半山腰时因为回头也变成了一块巨石。找仙草的重任最终落到了志玉的头上。她出发后，途中也遇见白发老爷爷，同样告诉她千万不能回头，且送了她一块烤糍粑，志玉谢后继续往前走，来到乱石岗，奇怪声音四起，她用糍粑塞住耳朵，坚决不回头，终于爬上山顶来到龙井旁，采下仙草上的芽叶，并用井水浇灌仙草，仙草开花结子，志玉便采下种子，立即下山，回乡后将种子种满山坡。这种仙草据说便是后来的白毫银针名茶。

工作任务五　乌龙茶的品鉴

任务导入

小刘在茶叶展览会上准备选择一批乌龙茶，他该选择哪些品质好的乌龙茶？请你为小刘制作一个乌龙茶品鉴的表格，包括分类、鉴别方法和图片。

任务分析

通过本任务的训练，了解乌龙茶的分类，熟悉乌龙茶品质的感官审评指标，掌握大红袍、铁罗汉、桂花香单枞、通天香单枞、冻顶乌龙、安溪铁观音的感官审评方法。

任务实施

1. 资料收集

（1）乌龙茶的工艺。
（2）乌龙茶的分类。
（3）乌龙茶的品鉴方法。

2. 计划分工

（1）分工查询资料。
（2）分工整理资料。
（3）资料收集需要哪些方法与途径？

3. 任务实施

（1）进行资料汇总。
（2）分析资料。
（3）小组练习展示。

4. 任务检查

（1）表格制作是否完整？
（2）乌龙茶的品鉴解答是否正确？

综合测评

专业：　　　　　　班级：　　　　　　学号：　　　　　　姓名：

测试内容	应得分	自我评估	小组评估	教师评估
大红袍	20分			
铁罗汉	20分			
桂花香单枞	15分			
通天香单枞	15分			
冻顶乌龙	15分			
安溪铁观音	15分			
合计分数100分				

考核时间：　　年　月　日　　　　　　　　考评教师（签名）：

名称	产地	成品茶品质特征	图片
大红袍	产于福建武夷山风景区内	外形条索紧实，色泽绿褐油润；内质汤色红黄明亮，香气馥郁似桂花香，岩韵显露，香味独特，滋味醇厚回甘，耐冲泡	
铁罗汉	产于福建武夷山慧苑岩和三仰峰下的竹窠岩	外形条索紧结，色泽褐润；内质汤色红黄明亮，香气馥郁悠长，岩韵突出，滋味醇厚回甘，耐冲泡	
桂花香单枞	产于广东潮安县凤凰镇	外形条索紧直匀齐，色泽乌润带黄褐；内质汤色橙黄明亮，香气清高浓郁甜长，具有天然桂花香，滋味醇厚甘滑，耐冲泡，岩韵风格突出	

续表

名称	产地	成品茶品质特征	图片
通天香单枞	产于广东潮州市	外形条索紧直,鳝鱼色;内质汤色金黄明亮,香气清高,具有自然的姜花香味,滋味醇爽、耐泡	
冻顶乌龙	产于台湾地区南投县鹿谷乡冻顶山麓一带	外形条索半球形而紧结整齐,色泽新鲜墨绿;内质汤色金黄澄清明丽,香气清香扑鼻,滋味圆滑醇厚,入喉甘润,韵味无穷	
安溪铁观音	产于福建安溪县西坪镇、感德镇、祥华乡	外形卷曲呈螺旋形,肥壮圆结,沉重匀整,色泽砂绿油润,具蜻蜓头、螺旋体、青蛙腿、砂绿带白霜,青腹绿底俗称"香蕉色"的特征;内质汤色金黄,浓艳清澈,泡饮时香气馥郁芬芳,高锐持久。有天然的兰花香,滋味浓厚甘鲜,回味悠长,有"香、清、甘、恬"的品质特征,有"七泡有余香"之誉,俗称"观音韵",叶底肥厚明亮,呈绸面光泽,边缘下垂,显红边	

知识链接

　　乌龙茶,亦称青茶,属半发酵茶,品种较多,是中国几大茶类中独具鲜明中国特色的茶叶品类。乌龙茶是经过采摘、萎凋、摇青、炒青、揉捻、烘焙等工序后制出的品质优异的茶类,品尝后齿颊留香,回味甘鲜。乌龙茶为中国特有的茶类,主要产于闽北、闽南及广东、台湾。四川、湖南等省份也有少量生产。乌龙茶除了内销广东、福建和港澳地区外,主要出口日本和东南亚地区。主要产地是福建省安溪县。

一、乌龙茶的制作工艺

　　乌龙茶的加工工序:

鲜叶→凉青→摇青→杀青→揉捻→烘焙和包揉→干燥→成品。

二、名茶掌故

（一）冻顶乌龙

据说台湾冻顶乌龙茶是一位叫林凤池的台湾人从福建武夷山把茶苗带到台湾种植而发展起来的。林凤池祖籍福建。有一年，他听说福建要举行科举考试，想去参加，可是家穷没路费。乡亲们纷纷捐款。临行时，乡亲们对他说："你到了福建，可要向咱祖家的乡亲们问好呀，说咱们台湾乡亲十分想念他们。"林凤池考中了举人，几年后，决定要回台湾探亲，顺便带了36棵乌龙茶苗回台湾，种在了南投鹿谷乡的冻顶山上。经过精心培育繁殖，建成了一片茶园，所采制之茶清香可口。后来林凤池奉旨进京，他把这种茶献给了道光皇帝，皇帝饮后称赞好茶。因这茶是在台湾冻顶山所采制，就叫作冻顶茶。从此台湾乌龙茶也叫"冻顶乌龙茶"。

（二）铁罗汉

相传西王母幔亭开宴，五百罗汉相约赴宴开怀畅饮。掌管铁罗汉的罗汉喝得酩酊大醉，在途经慧苑岩上空时，不慎将手中铁罗汉枝折断，落在慧苑岩的鬼洞内，被一老农捡回家。罗汉便托梦于老农，嘱咐他将铁罗汉枝栽在坑中，采摘鲜叶制成茶品能治百病。老农试种后果然应验，故命名为"铁罗汉"。

工作任务六　黑茶的品鉴

任务导入

小刘在茶叶展览会上准备选择一批黑茶，他该选择哪些品质好的黑茶？请你为小刘制作一个黑茶品鉴的表格，包括分类、鉴别方法和图片。

任务分析

通过本任务的训练，学生可了解黑茶的分类，熟悉黑茶品质的感官审评指标，掌握云南沱茶、饼茶、紧茶、普洱方茶、米砖茶的感官审评方法。

任务实施

1. 资料收集

（1）黑茶的工艺。
（2）黑茶的分类。
（3）黑茶的品鉴方法。

2. 计划分工

（1）分工查询资料。
（2）分工整理资料。
（3）资料收集需要哪些方法与途径？

3. 任务实施
（1）进行资料汇总。
（2）分析资料。
（3）小组练习展示。

4. 任务检查
（1）表格制作是否完整？
（2）黑茶的品鉴解答是否正确？

综合测评

专业：　　　　　班级：　　　　　学号：　　　　　姓名：

测试内容	应得分	自我评估	小组评估	教师评估
云南沱茶	25 分			
饼茶	25 分			
紧茶	25 分			
普洱方茶	25 分			
合计分数 100 分				

考核时间：　　年　月　日　　　　　考评教师（签名）：

名称	产地	成品茶品质特征	图片
云南沱茶	原产于云南景谷县，又称"谷茶"	外形碗臼状，紧实、光滑，色泽乌润，白毫显；内质汤色橙黄明亮，香气醇浓馥郁，滋味浓厚，喉味回甘，叶底嫩匀尚亮	
饼茶	产于云南省下关	外形端正，切口平整，色泽尚乌，有白毫；内质汤色橙黄，香气纯和，滋味醇正，叶底尚嫩，欠匀	
紧茶	产于云南省紧东、紧谷、勐海和下关等地	外形为长方形小砖块（或心脏形），表面紧实、厚薄均匀，砖形端正，色泽尚乌，有白毫；内质汤色橙红尚明，香气纯正，滋味浓厚，叶底尚嫩，欠匀	

续表

名称	产地	成品茶品质特征	图片
普洱方茶	产于云南西双版纳的勐海茶厂和昆明茶厂	外形平整，色泽乌润，白毫显露；内质汤色黄明亮，香气醇浓，滋味浓厚，叶底嫩匀尚亮	

知识链接

黑茶，因成品茶的外观呈黑色而得名。黑茶属后发酵茶，主产区为四川、云南、湖北、湖南、陕西、安徽等地。传统黑茶采用的黑毛茶原料成熟度较高，是压制紧压茶的主要原料。黑茶按地域分布，主要分类为湖南黑茶（茯砖茶、千两茶、黑砖茶、"三尖"等）、湖北青砖茶、四川藏茶（边茶）、安徽古黟黑茶（安茶）、云南黑茶（普洱茶）、广西六堡茶及陕西黑茶（茯茶）。

一、黑茶的制作工艺

1. 黑茶的加工工序

鲜叶→杀青→揉捻→渥堆→复揉→干燥→成品。

2. 压制茶的加工工序

称茶→蒸茶→装匣→预压→紧压→冷却定性→退匣→干燥→成品。

二、名茶掌故

在巍巍无量山间、滔滔澜沧江畔，有一个美丽的古城普洱，这里山清水秀，云雾缭绕，物产丰饶，人民安居乐业。这个地方出产的茶叶更是以品质优良而闻名遐迩，是茶马古道的发源地，每年都有许多茶商赶着马帮来这里买茶。清朝乾隆年间，普洱城内有一个大茶庄，庄主姓濮，祖传几代都以制茶、售茶为业。由于濮氏茶庄各色茶品均选用上等原料加工而成，品质优良稳定，加之店主诚实守信、善于经营，所以到老濮庄主这代，茶庄的生意已经做得很大，成为藏族茶商经常光顾的茶庄，而且连续几次被指定为朝廷贡品，特别是以本地鲜毛茶加工生产的团茶和沱茶已经远销国外。

这一年岁贡之时，濮氏茶庄的团茶又被普洱府定为贡品。清朝时期，制作贡茶可不是一件容易的事情。材料要采用春前最先发出的芽叶，采时也非常讲究，要"五选八弃"，"五选"即"选日子、选时辰、选茶山、选茶丛、选茶枝"，"八弃"即"弃无芽、弃叶大、弃叶小、弃芽瘦、弃芽曲、弃色淡、弃虫食、弃色紫"；制作前要先祭茶祖，掌锅师傅要沐浴斋戒，炒青完毕，晒成干茶，又要蒸压成型，风干包装。总之，每一道工序都十分复杂。

依照惯例，制成饼茶后，由老濮庄主和当地官员一起护贡茶入京。不巧这年老濮庄主生病卧床，眼看时间紧迫，就只好让少庄主和普洱府罗千总一起进京纳贡。此时的濮少庄主正值青年，大约二十三四岁，犹如清明初雨后新发的茶芽，挺拔俊秀，英姿勃发。少庄主的未婚妻白小姐亦是方圆几十里①内出名的美人。正所谓郎才女貌、门当户对。两家火笼酒早就喝过了，聘礼也收过了，再过几天就打算迎亲了，眼下正在筹办婚礼。然而皇命难违，濮少庄主只好挥泪告别老父和白小姐。临行前，众人都叮嘱他送完贡茶就赶快回乡。濮少庄主经验不足，又有心事，加之时间紧迫，天公亦不作美，春雨下得连绵不断，平常庄主都晒得很干的毛茶，这一次却没完全晒干就急急忙忙压饼、装驮，为后来发生的事埋下了一个祸根。

濮少庄主随同押解官罗千总一道赶着马帮，一路上昼行夜宿，风雨兼程赶往京城。当时从普洱到昆明的官马大道要走十七八天，从昆明到北京足足要走三个多月，其间跋山涉水，正逢雨季，天气又炎热，大多数路程都在山间石板路上行走，因此骡马不能走得太快。经过一百多天的行程，从春天走到夏天，总算是在限定的日期前赶到了京城。濮少庄主一行在京城的客栈住下之后，大家都不顾鞍马劳顿，兴冲冲地逛街喝酒去了。剩下濮少庄主一人没有心思去玩，留在客栈，一心挂念着家中的老父及未过门的白小姐。他想明天就要上殿贡茶了，贡了茶，就昼夜兼程赶回去。想到这里，他便去查看贡茶是否完好。他跑到存放贡茶的客房，拿出贡茶，剥开一个个竹箬包裹看：糟了！所有的茶饼都变色了。原本绿中泛白的青茶饼变成了褐色。濮少庄主一下子瘫坐在地上。贡品坏了！自己闯下了大祸！那可是犯了欺君之罪，要杀头的啊！说不定，还要株连九族！濮少庄主恍恍惚惚像梦游一般回到自己的房中，关上房门。他想到临行前卧病在床的老父的谆谆教导，想到白小姐涕泪涟漪的娇容和临行前依依惜别的情景，想到府县官员郑重的叮嘱和全城父老沿街欢送的情景，想到路途中的种种艰辛，想到普洱府那翠绿的茶山、繁忙的茶坊、络绎不绝的马帮、车水马龙的街道……这熟悉的一切都将成为过眼云烟，祖上几代苦心经营的茶庄也将要毁在自己的手上了。话说店中有一个小二，他听说客栈住进了一个从云南来贡茶的马帮，心里都十分好奇，想要见识见识这贡茶是什么东西，于是悄悄摸进了存放贡茶的客房。他看到解开的马驮子，便小心地拿过一饼茶，用小刀撬了一坨偷回了屋。小二掰了一小块茶，放进碗里，冲上开水，只见那茶汤红浓明亮，端起一喝，茶水真是又香又甜，苦中回甘。小二慢慢地品尝起来。

再说这濮少庄主在房内思绪万千，却想不到一个可行的解决办法。不知道过了多长时间，他心中只剩一个念头：现在已无颜再见家乡父老，不如自我了结算了。于是，他解下腰带拴在屋梁上，就往脖子上套去。那边罗千总一伙回到客栈，买了些北京小吃回来给少庄主品尝，一进客栈门，东寻西找，不见濮少庄主。小二听见罗千总的叫声，忙从房中跑出来说："前晌还在，后来好像回客房去了。"罗千总提着东西向少庄主处走去，推门进屋一看，发现少庄主已经吊在梁上，手脚还在微微地动着。罗千总急忙抽出腰刀，砍断腰带，放下少庄主。小二等人听到叫声，忙从房中跑出来，只见少庄主两眼翻白，气息奄奄，在几个人的努力下，经过半个时辰才把少庄主揉醒过来。少庄主醒来后告知大家贡茶被毁的消息，众人皆愁眉不展。这时，那个偷茶的店小二刚好经过，看这情形，便道："这真的是好茶呢！我当小二，泡茶这么多年，还没喝过这样的好茶。"小二端来了未喝完的茶汤。只见其汤色红浓明亮，喝上一口，甘醇爽滑。罗千总没有办法，只能拿着这茶硬着头皮贡献给

---

① 1里=500米。

皇上。

　　这天，正是各地贡茶齐聚、斗茶赛茶的吉日。乾隆亲自担任评茶官，只见全国各地送来的贡茶琳琅满目，品种花色各式各样，一时无法判定优劣。突然间，他眼前一亮，发现有一种茶，茶饼圆如三秋之月，汤色红浓明亮，犹如红宝石一般，显得十分特别，便命人端上来一闻，一股醇厚的香味直沁心脾，喝上一口，绵甜爽滑，好像绸缎被风拂过一般，直落腹中。乾隆大悦，询问茶名。罗千总紧张得说不出话来。乾隆问道："何府所贡？"太监忙答道："此茶为云南普洱府所贡。"乾隆便以地赐名为普洱茶。

　　从此，普洱茶岁岁入贡朝廷，历经两百年而不衰。皇宫中"冬饮普洱"还成为一种传统。

工作任务七　花茶的品鉴

任务导入

　　小刘在茶叶展览会上准备选择一批花茶，他该选择哪些品质好的花茶？请你为小刘制作一个花茶品鉴的表格，包括分类、鉴别方法和图片。

任务分析

　　通过本任务的训练，学生可了解花茶的分类，熟悉花茶品质的感官评审指标，掌握茉莉狗牯脑、茉莉双龙银针、桂花茶、桂花龙井茶、金银花茶的感官评审方法，熟悉茉莉花茶的传说和常用的茶叶储存方法。

任务实施

1. 资料收集
（1）花茶的工艺。
（2）花茶的分类。
（3）花茶的品鉴方法。

2. 计划分工
（1）分工查询资料。
（2）分工整理资料。
（3）资料收集需要哪些方法与途径？

3. 任务实施
（1）进行资料汇总。
（2）分析资料。
（3）小组练习展示。

4. 任务检查
（1）表格制作是否完整？
（2）花茶的品鉴解答是否正确？

综合测评

专业：　　　　　班级：　　　　　学号：　　　　　姓名：

测试内容	应得分	自我评估	小组评估	教师评估
茉莉狗牯脑	20分			
茉莉双龙银针	20分			
桂花茶	20分			
桂花龙井茶	20分			
金银花茶	20分			
合计分数100分				

考核时间：　　年　月　日　　　　　考评教师（签名）：

名称	产地	成品茶品质特征	图片
茉莉狗牯脑	产于江西省遂川县汤湖境内的狗牯脑山	外形细嫩匀净；内质汤色黄亮，花香鲜灵持久，滋味醇厚，饮后齿颊颇香，余味无穷，为花中珍品	
茉莉双龙银针	产于浙江省金华茶厂	外形条索紧细如针，匀齐挺直，满披银色白毫；内质汤色清澈明亮，香气鲜灵浓厚	
桂花茶	产于广西桂林、湖北咸宁、四川成都、重庆等地	外形翠绿，绿茶内缀金珠，匀整可观，具有烘青茶的纯正香味，又兼备桂花的馥郁清香；内质汤色绿黄澄亮，香气馥郁清纯，沁人心脾，滋味醇和鲜爽	

续表

名称	产地	成品茶品质特征	图片
桂花龙井茶	产于浙江杭州	外形扁平挺直,色泽翠绿光润,花如叶里藏金,色泽金黄;内质汤色绿黄明亮,香气清香持久,滋味醇香适口,叶底嫩黄明亮	
金银花茶	产于浙江温州	外形紧细,黄绿相间;内质汤色清澈黄亮,滋味鲜醇爽口,饮后沁人心脾,为防暑降温的好饮品	

知识链接

花茶,又名香片,是利用茶善于吸收异味的特点,将有香味的鲜花和新茶一起闷,茶将香味吸收后再把干花筛除而成,气味芬芳并具有养生疗效。其外形条索紧结匀整,色泽黄绿尚润;内质香气鲜灵浓郁,具有明显的鲜花香气,汤色浅黄明亮;叶底细嫩匀亮。花茶主要以绿茶、红茶或者乌龙茶作为茶坯、以能够吐香的鲜花为原料,采用窨制工艺制作而成。根据其所用的香花品种不同,花茶分为茉莉花茶、玉兰花茶、桂花茶、珠兰花茶等,其中以茉莉花茶产量最大。

一、花茶的制作工艺

花茶窨制的加工工序:

茶坯处理→鲜花维护→拌和窨花→扒堆散热→收堆续窨→出花分离→复火摊凉→匀堆装箱。

二、名茶掌故

茉莉花茶

传说在很早以前的一年冬天,北京茶商陈古秋邀来一位品茶大师,研究北方人喜欢喝什么茶。正在品茶评论之时,陈古秋忽然想起有位南方姑娘曾送给他一包茶叶未品尝过,便寻出那包茶,请大师品尝。冲泡时,碗盖一打开,先是异香扑鼻,接着在冉冉升起的热气中,看见有一位美貌姑娘,两手捧着一束茉莉花,一会儿工夫又变成了一团热气。陈古秋不解,就问大师,大师笑着说:"陈老弟,你一定是在什么时候做过什么善事,因为这乃茶中绝品

'报恩仙',过去只听说过,今日才亲眼所见。这茶是谁送你的?"陈古秋就讲述了三年前去南方购茶住客店遇见一位孤苦伶仃少女的经历:那少女诉说家中停放着父亲尸身,无钱殡葬,陈古秋深为同情,便取了一些银子给她,帮助她安葬了父亲。三年过去,今春又去南方时,客店老板转交给他这一小包茶叶,说是三年前他就帮助过的那位少女交送的。当时未冲泡,谁料是珍品。大师说:"这茶极为难得,制这种茶要耗尽人的精力,这姑娘可能你再也见不到了。"陈古秋说当时问过客店老板,老板说那姑娘已死去一年多了。两人感叹了一会儿,大师忽然说:"为什么她独独捧着茉莉花呢?"两人又重复冲泡了一遍,那手捧茉莉花的姑娘又再次出现。陈古秋一边品茶一边悟道:"依我之见,这是茶仙提示,茉莉花可以入茶。"次年,陈古秋便将茉莉花加到茶中,果然制出了芬芳诱人的茉莉花茶,深受北方人喜爱。从此,便有了一种新的茶叶品种——茉莉花茶。

情境四

茶艺用具的选择

茶艺实用茶具

实训目的

通过本情境的训练,掌握紫砂、瓷器、陶器、金属等茶艺用具的特征、分类、使用方法等。

知识背景

明代许次纾在《茶疏》中有言:"茶滋于水,水藉乎器。"可见茶具在茶叶冲泡过程中有着重要的作用。茶具,古代亦称茶器或茗器,泛指制茶、饮茶过程中使用的各种工具,包括采茶用具、制茶用具、泡茶器具等,现在茶具主要指与泡茶过程相关的专业用具。

情境导入

龙凤茶楼要根据不同茶叶、不同场合准备不同的茶叶用具。如果你是小刘,你将如何对不同茶叶的器具进行选择?

工作任务一 泡茶器具的选择

任务导入

经理要求小刘熟悉不同泡茶器具的分类、特征、用法,并以图片和文字的形式做成PPT汇报材料。请你帮小刘整理一下吧!

任务分析

通过本任务的训练,学生可了解不同泡茶器具的分类、特征、用法。

任务实施

1. 资料收集
（1）不同泡茶器具的工艺。
（2）不同泡茶器具的分类。
（3）泡茶器具的品鉴方法。

2. 计划分工
（1）分工查询资料。
（2）分工整理资料。
（3）资料收集需要哪些方法与途径？

3. 任务实施
（1）进行资料汇总。
（2）分析资料。
（3）小组展示。

4. 任务检查
（1）PPT 制作是否完整？
（2）不同泡茶器具的品鉴解答是否正确？

综合测评

专业：　　　　　　班级：　　　　　　学号：　　　　　　姓名：

考评项目		自我评估	小组评估	教师评估
团队合作 30 分	沟通能力 15 分			
	协作精神 15 分			
工作成果评定 40 分	任务方案 10 分			
	实施过程 10 分			
	工具使用 10 分			
	完成情况 10 分			
工作态度 20 分	工作纪律 5 分			
	敬业精神 5 分			
	有责任心 10 分			
工作创新 10 分	角色认知 5 分			
	创新精神 5 分			
综合评定 100 分				

考核时间：　　年　月　日　　　　　考评教师（签名）：

> **知识链接**

一、陶质茶具

泡茶罐具的选择

人们通常所说的陶瓷茶具其实是"陶器"与"瓷器"茶具的总称。用陶土烧制的茶具叫陶器茶具,用瓷土烧制的茶具叫瓷器茶具。陶瓷则是陶器、炻器和瓷器的总称。凡是用陶土和瓷土这两种不同性质的黏土为原料,经过配料、成型、干燥、焙烧等工艺流程制成的茶具都可以称为陶瓷茶具。陶器茶具和瓷器茶具虽然是两种不同的物质,但是两者间存在着密切的联系。如果没有制陶术的发明及陶器制作技术不断改进所取得的经验,瓷器是不可能单独发明的。瓷器的发明是我们的祖先在长期制陶过程中,不断认识原材料的性能,总结烧成技术,积累丰富经验,从而产生量变到质变的结果。

二、瓷质茶具

瓷器茶具的主要特点是坯质致密透明,釉色丰富,成瓷耐高温,无吸水性,造型美观,装饰精巧,音清而韵长。从性能和功能上看,瓷质茶具容易清洗,没有异味,保温适中,既不烫手也不容易炸裂,适合冲泡各类茶叶,从而获得较好的色、香、味。瓷质茶具又可分为青瓷茶具、白瓷茶具、黑瓷茶具和彩瓷茶具等。

(一)青瓷茶具

早在东汉年间,已开始生产色泽纯正、透明发光的青瓷。晋代浙江的越窑、婺窑、瓯窑已具相当规模。宋代,当时五大名窑之一的浙江龙泉哥窑生产的青瓷茶具,已达到鼎盛时期,远销各地。明代,青瓷茶具更以其质地细腻、造型端庄、釉色青莹、纹样雅丽而蜚声中外。16世纪末,龙泉青瓷出口法国,轰动了整个法兰西,人们用当时风靡欧洲的名剧《牧羊女》中的女主角雪拉同的美丽青袍与之相比,称龙泉青瓷为"雪拉同",将其视为稀世珍品。当代,浙江龙泉青瓷茶具又有新的发展,不断有新产品问世。这种茶具除具有瓷器茶具的众多优点外,因色泽青翠,用来冲泡绿茶,更有益汤色之美。不过,用它来冲泡红茶、白茶、黄茶、黑茶,则易使茶汤失去本来面目,似有不足之处。

(二)白瓷茶具

白瓷茶具具有坯质致密透明,上釉、成陶火度高,无吸水性,音清而韵长等特点。其色泽洁白,能反映出茶汤色泽,传热、保温性能适中,加之色彩缤纷,造型各异,堪称饮茶器皿中之珍品。早在唐时,河北邢窑生产的白瓷器具已"天下无贵贱通用之"。唐朝白居易还作诗盛赞四川大邑生产的白瓷茶碗。元代,江西景德镇白瓷茶具已远销国外。如今,白瓷茶具更是面目一新。这种白瓷茶具适合冲泡各类茶叶。加之白瓷茶具造型精巧,装饰典雅,其外壁多绘有山川河流、四季花草、飞禽走兽、人物故事,或点缀以名人书法,颇具艺术欣赏价值,所以使用最为普遍。

(三)黑瓷茶具

黑瓷茶具,始于晚唐,鼎盛于宋,延续于元,衰微于明、清。这是因为自宋代开始,饮茶方法已由唐时煎茶法逐渐改变为点茶法,而宋代流行的斗茶,又为黑瓷茶具的崛起创造了条件。宋人衡量斗茶的效果,一看盏面汤花色泽和均匀度,以"鲜白"为先;二看汤花与茶盏相接处水痕的有无和出现的迟早，以"着盏无水痕"为上。时任三司使给事中的蔡襄，在他的《茶录》中就说得很明白："视其面色鲜白，着盏无水痕为绝佳；建安斗试，以水痕先者为负，耐久者为胜。"而黑瓷茶具，正如宋代祝穆在《方舆胜览》中说的"茶色白，入黑盏，其痕易验"。所以，宋代的黑瓷茶盏成了瓷器茶具中的最大品种。福建建窑、江西吉州窑、山西榆次窑等，都大量生产黑瓷茶具，成为黑瓷茶具的主要产地。黑瓷茶具的窑场中，建窑生产的"建盏"最为人称道。蔡襄《茶录》中这样说："建安所造者……最为要用。出他处者，或薄或色紫，皆不及也。"建盏配方独特，在烧制过程中使釉面呈现兔毫条纹、鹧鸪斑点、日曜斑点，一旦茶汤入盏，能放射出五彩纷呈的点点光辉，增加了斗茶的情趣。明代开始，由于"点"之法与宋代不同，黑瓷建盏"似不宜用"，仅作为备用而已。

（四）彩瓷茶具

彩色茶具的品种花色很多，其中尤以青花瓷茶具最引人注目。青花瓷茶具，其实是指以氧化钴为呈色剂，在瓷胎上直接描绘图案纹饰，再涂上一层透明釉，而后在窑内经1300℃左右的高温还原烧制而成的器具。然而，对"青花"色泽中"青"的理解，古今亦有所不同。古人将黑、蓝、青、绿等诸色统称为"青"，故"青花"的含义比今人要广。它的特点是：花纹蓝白相映成趣，有赏心悦目之感；色彩淡雅幽静可人，有华而不艳之力。加之在彩料之上涂釉，显得滋润明亮，更平添了青花茶具的魅力。直到元代中后期，青花瓷茶具才开始成批生产，特别是景德镇，成了我国青花瓷茶具的主要生产地。由于青花瓷茶具绘画工艺水平高，特别是将中国传统绘画技法运用在了瓷器上，因此这也可以说是元代绘画的一大成就。元代以后除景德镇生产青花瓷茶具外，云南的玉溪、建水，浙江的江山等地也生产少量青花瓷茶具，但无论是釉色、胎质，还是纹饰、画技，都不能与同时期景德镇生产的青花瓷茶具相比。明代，景德镇生产的青花瓷茶具，诸如茶壶、茶盅、茶盏，花色品种越来越多，质量越来越精，无论是器形、造型、纹饰等都冠绝全国，成为其他生产青花瓷茶具窑场模仿的对象。清代，特别是康熙、雍正、乾隆时期，青花瓷茶具在古陶瓷发展史上又进入了一个历史高峰，它超越前朝，影响后代。康熙年间烧制的青花瓷器具，更是史称"清代之最"。综观明、清时期，由于制瓷技术提高，社会经济发展，对外出口扩大，以及饮茶方法改变，都促使青花瓷茶具获得了迅猛的发展。当时除景德镇生产青花瓷茶具外，较有影响的产地还有江西的吉安、乐平，广东的潮州、揭阳、博罗，云南的玉溪，四川的会理，福建的德化、安溪等地。此外，全国还有许多地方生产"土青花"茶具，在一定区域内，供民间饮茶使用。

总之，我国的瓷器茶具品类很多，产地遍及全国。

三、玻璃茶具

玻璃，古人称之为流璃或琉璃，实际上是一种有色半透明的矿物质。用这种材料制成的茶具能给人以色泽鲜艳、光彩照人之感。中国的琉璃制作技术虽然起步较早，但直到唐代，随着中外文化交流的增多，西方琉璃器的不断传入，中国才开始烧制琉璃茶具。陕西扶风法门寺地宫出土的由唐僖宗供奉的素面圈足淡黄色琉璃茶盏和素面淡黄色琉璃茶托，是地道的中国琉璃茶具，虽然造型原始，装饰简朴，质地显混，透明度低，但却表明中国的琉璃茶具在唐代已经起步，在当时堪称珍贵之物。唐代元稹曾写诗赞誉琉璃，说它是"有色同寒冰，无物隔纤尘。象筵看不见，堪将对玉人"。难怪唐代在供奉法门寺佛骨舍利时，也将琉璃茶具列入供奉之物。宋时，中国独特的高铅琉璃器具相继问世。元、明时，规模较大的琉璃作坊在山东、新疆等地出现。清康熙时，在北京还开设了宫廷琉璃厂，只是自宋至清，虽有琉璃器件生产，且身价名贵，但多以生产琉璃艺术品为主，只有少量茶具制品，始终没有形成琉璃茶具的规模生产。

近代，随着玻璃工业的崛起，玻璃茶具很快兴起。这是因为玻璃质地透明、光泽夺目、可塑性大，因此用它制成的茶具形态各异、用途广泛，加之价格低廉、购买方便，而受到茶人好评。在众多的玻璃茶具中，以玻璃茶杯最为常见，用它泡茶，茶汤的色泽、茶叶的姿色以及茶叶在冲泡过程中的沉浮移动，都尽收眼底，因此，玻璃茶具用来冲泡种种细嫩名优茶，最富品赏价值，家居待客，不失为一种好的饮茶器皿。但玻璃茶杯质脆，易破碎，比陶瓷烫手，是美中不足。现代的玻璃茶具已有很大的发展，玻璃质地透明、光泽夺目，外形可塑性大、形态各异、用途广泛。

四、竹木茶具

竹木茶具是人们利用天然竹木加工而成的器皿。隋唐以前，我国饮茶虽然渐次推广开来，但饮茶方式仍旧粗放。当时的饮茶器具，除陶瓷器外，民间茶具多用竹木制作而成。茶圣陆羽在《茶经·四之器》中开列了28种茶具，多数是用竹木制作的，这种茶具，从古至今，一直受到茶人的喜爱。但缺点是不能长时间使用，无法长久保存，失去了其文物价值。在我国南方，如海南等地有人用椰壳制作的壶、碗来泡茶，经济实用，又具有艺术性，用木罐、竹罐装茶，仍然随处可见，特别是福建省武夷山等地的乌龙茶木盒，在盒上绘制山水图案，制作精细别具一格。作为艺术品的黄杨木雕、黄竹茶罐，也是馈赠亲友的珍品，且有实用价值。近年来，随着我国茶艺文化的发展，采用红木制作的茶具也越来越多，用这种茶具与茶盘辅助泡茶是最为常见的，红木作为茶盘主要是利用它的密度大、耐浸泡、使用寿命长等特点，红木茶盘成为现代茶艺表演常见的用具之一。

五、金属茶具

金属茶具是指由金、银、铜、铁、锡等金属材料制作而成的器具。金属茶具是我国最古老的日用器具之一，早在公元前18世纪至公元前221年秦始皇统一中国之前的1500多年间，青铜器就得到了广泛的应用。先人用青铜制作盘盛水，制作爵、尊盛酒，这些青铜器皿自然也可以用来盛茶。从秦汉至六朝，茶叶作为饮料已渐成风尚，茶具也逐渐从与其他饮具共用中分离出来。大约到南北朝时，我国出现了包括饮茶器皿在内的金银器具。到隋唐时，金银器具的制作达到高峰。20世纪80年代中期，陕西扶风法门寺出土的一套由唐僖宗供奉的鎏金茶具，可谓是金属茶具中罕见的稀世珍宝。但从宋代开始，古人对金属茶具褒贬不一。元代以后，特别是从明代开始，随着茶类的创新、饮茶方式的改变以及陶瓷茶具的兴起，包括银质器具在内的金属茶具逐渐退出舞台，尤其是用锡、铁、铅等金属制作的茶具煮水泡茶，被认为会使茶味走样，以致很少有人使用，但是用金属制成储茶器具，如锡瓶、锡罐等，却屡见不鲜，这是因为金属储茶器具的密闭性要比纸、竹、木、瓷、陶等好，具有较好的防潮、避光性能，更有利于散茶的储藏，因此用锡制作储茶器具至今仍流行于世。

六、漆器茶具

漆器茶具始于清代，主要产于福建福州一带，采割天然漆树液汁进行炼制，掺进所需色料，制成绚丽夺目的器件，这是我国先人的制造发明之一。我国的漆器起源久远，在距今约7000年的浙江余姚河姆渡文化中，就有可用来作为饮器的木胎漆碗，距今约4000～5000年的浙江余杭良渚文化中，也有可用饮器的嵌玉朱漆杯。夏商以后的漆制饮器就更多了。尽管如此，供饮食用的漆器，包括漆器茶具在内很长的历史发展时期中，一直未形成规模生产，特别是秦汉以后，有关漆器的文字记载不多，存世之物更属难觅，直到清代开始由福建福州制作的脱胎漆器茶具日益引起了时人的关注，局面才出现转机。漆器茶具最有名的有北京漆雕茶具、福州脱胎茶具、江西鄱阳等地生产的脱胎漆器等，这些茶具均具有独特的艺术魅力，其中福建生产的漆器茶具尤为多姿多彩，宝砂闪光、金丝玛瑙、仿古瓷、雕填等均为脱胎漆器茶具，它具有轻盈美观、色泽光亮、能耐高温、耐酸的特点，这种茶具更具有艺术品的功用。

七、其他用具

除了以上六种比较常见的茶具之外，还有用其他材质如搪瓷、玉石、塑料等制成的茶具。20世纪80年代流行搪瓷茶具。搪瓷是一种将无机玻璃质材料通过熔融凝于机体金属上并与金属牢固结合在一起的复合材料。因其化学性稳定牢固、易洗涤、耐高温、耐酸碱腐蚀等优点，搪瓷茶具曾一度受到大众欢迎，但又因其传热快、易烫手，一般不适于冲泡优质茶，只适于家庭选用而不能作为茶艺表演用具。

工作任务二　紫砂茶具赏析

任务导入

经理要求小刘熟悉紫砂器具的分类、工艺、起源、特征、用法，并以图片和文字的形式做成PPT汇报材料，请你帮小刘整理一下吧！

任务分析

通过本任务的训练，学生可了解紫砂器具的分类、工艺、起源、特征、用法。

任务实施

1. 资料收集

（1）紫砂器具的工艺。
（2）紫砂器具的分类。
（3）紫砂器具的品鉴方法。

2. 计划分工

（1）分工查询资料。
（2）分工整理资料。
（3）资料收集需要哪些方法与途径？

3. 任务实施

（1）进行资料汇总。

(2) 分析资料。
(3) 小组展示。
4. 任务检查
(1) PPT 制作是否完整？
(2) 紫砂器具的品鉴解答是否正确？

综合测评

专业：　　　　　　班级：　　　　　　学号：　　　　　　姓名：

考评项目		自我评估	小组评估	教师评估
团队合作 30 分	沟通能力 15 分			
	协作精神 15 分			
工作成果评定 40 分	任务方案 10 分			
	实施过程 10 分			
	工具使用 10 分			
	完成情况 10 分			
工作态度 20 分	工作纪律 5 分			
	敬业精神 5 分			
	有责任心 10 分			
工作创新 10 分	角色认知 5 分			
	创新精神 5 分			
综合评定 100 分				

考核时间：　　年　月　日　　　　考评教师（签名）：

知识链接

　　紫砂器，又称紫砂陶，简称紫砂。它是一种以特殊陶土制作的陶器，出自江苏宜兴，因紫砂泥中铁、硅的含量较高，烧制后多呈紫色，故称紫砂器。它始于唐、宋，风靡于明、清，至今不衰，是继我国唐三彩之后，又一享誉世界的古老陶艺。

一、紫砂茶器的起源

　　紫砂茶具是由陶器发展而成的，属于陶器茶具的一种。它坯质致密坚硬，取天然泥色且大多为紫砂。紫砂壶耐寒耐热，泡茶无熟汤味，能保真香，且传热缓慢，不易烫手，用它煮茶也不会爆裂。因此历史上曾有"一壶重不数两，价重每一二十金，能使土与黄金争价"之说。根据明代周高起《阳羡茗壶录》的"创始篇"记载，紫砂壶首创者，相传是明代宜兴金沙寺一个不知名的寺僧，他选紫砂细泥捏成圆形坯胎，加上嘴、柄、盖，放在窑中烧成。"正始篇"又记载：明代嘉靖、万历年间，出现了一位卓越的紫砂工艺大师——龚春。龚春幼年曾为进士吴颐山的书童。他天资聪慧、虚心好学，随主人陪读于宜兴金沙寺，闲时常帮寺里老和尚拉坯制壶。传说寺里有株银杏参天，盘根错节，树瘿多姿。他朝夕观赏，便模拟树瘿，捏制树瘿壶，造型独特，生动异常。老和尚见了拍案叫绝，便把平生制壶技艺倾囊相授，使他最终成为著名制壶大师。龚春在实践中逐渐改变了前人单纯用手捏制的方法，改为木板旋泥并配合使用竹刀，烧造的砂壶造型新颖、雅致，质地较薄而且坚硬。龚春在当时就名声显赫，人称"龚春之壶，胜如金玉"。从万历到明末是紫砂器发展的高峰，前后出现了"四大家""壶家三大"。"四大家"为董翰、赵梁、元畅、时朋。董翰以文巧著称，其余三人则以古拙见长。"壶家三大"指的是时大彬和他两位高徒李仲芳、徐友泉。时大彬为时朋之子，最初仿龚春，喜欢做大壶。后来他在游娄东时与名士陈继儒交往甚密，共同研究品茗之道，根据文人士大夫雅致的品位把砂壶缩小，点缀在精舍几案之上，更加符合饮茶品茗的趣味。他制作的大壶古朴雄浑、小壶令人叫绝，他为紫砂陶的发展做出了巨大的贡献。李仲芳制壶风格趋于文巧，而徐友泉善制汉方。到了清代，紫砂艺术高手辈出，紫砂器也不断推陈出新。清初康熙开始，紫砂壶引起了宫廷的高度重视，开始由宜兴制作紫砂壶胎，进呈后由宫廷造办处艺将们画上珐琅彩烧制，或制成珍贵的雕漆名壶。雍正也曾下旨让景德镇按照宜兴壶的式样烧制瓷器。乾隆七年，宫廷开始直接向宜兴订制紫砂茶具。至此，紫砂壶成为珍贵的御前用品。咸丰、光绪末期，紫砂艺术没有大的发展，此时的名匠有黄玉麟、邵大亨。黄玉麟的作品有明代纯朴清雅之风，擅制搓球。而邵大亨则以浑朴取胜，他创造了鱼化龙壶，而此壶的特点是龙头在倾壶倒茶时自动伸缩，堪称鬼斧神工。在20世纪初，由于中国资产阶级兴起、商业的逐渐发展，宜兴紫砂自营的小作坊如雨后春笋般迅速发展起来，诞生了一些制壶名家，其中又以冯桂珍、俞国良、吴云根、裴石民等人最为著名。

紫砂壶造型鉴赏几何形体分为圆器和方器两种。这两种造型都是以几何形的线条装饰壶体的，甚至有的器型本身就是一种几何图形。

圆器造型主要由各种不同方向和曲度的曲线组成。紫砂圆器讲究珠圆玉润、骨肉亭匀、比例协调、敦庞周正、转折圆润、隽永耐看。掇球壶、仿鼓壶、汉扁壶是紫砂圆器造型的典型作品。圆器的造型规则要求是"圆、稳、匀、正"。它的艺术要求必须是珠圆玉润，口、盖、嘴、把、肩、腰的配置比例要协调，匀称流畅，达到无懈可击。因此，器型上的标准要求为"柔中寓刚，圆中有变，厚而不重，稳而不笨，有骨有肉，骨肉亭匀"。

方器造型主要由长短不同的直线组成，如四方、六方、八方及各种比例的长方形等。方器造型方中藏圆，线面挺括平正，轮廓线条分明，给人以干净利落、明快挺秀之感。历来有很多出色的方器造型，如四方壶、八方壶、传炉壶、觚棱壶、僧帽壶等造型。方器造型规则要求为"线条流畅，轮廓分明，平稳庄重"，以直线、横线为主，曲线、细线为辅，器型的中轴线、平衡线要正确、匀挺、富于变化。方器除口、盖、嘴、把应与壶体对称外，还要做到"方中寓圆，方中求变，口盖化一，刚柔相称"，使壶体不论是四方、六方、长方、扁方的壶型，其壶盖方向均可任意变换，并与壶口严密吻合。方器既为几何形体，也属筋纹形体。

具有独特创意、自由风格的一般称为"花货"，是对雕塑性器皿及带有浮雕、半圆雕装饰器皿造型的统称。将生活中所见的各种自然形象和各种物象的形态透过艺术手法，设计成器皿造型，如将松、竹、梅等形象制成各种树桩形造型；或者是在圆器及方器选型上运用雕、镂、捏、塑等手法，将自然形体变化为造型的一部分，如壶的嘴、把、盖、钮；或者是在造型的显见部位施以简洁的堆雕装饰。壶体上这些堆雕，总是要求宁简勿繁，做到主次分明,以达到视觉上的和谐与平衡。这种壶艺造型规则是"源于自然,而高于自然,造型不仅应具有适度性的艺术夸张,又应着意于风格潇洒"。

此类壶艺以松、竹、梅为装饰题材时,劲松要刻画出枝干劲拔,针叶挺秀,气势铿锵;秀竹则要求娴静有致,俊逸潇洒;冬梅又须主干苍劲,寒中独俏,素枝闲花,以简为主,达到疏中见密,少里寓多,富有活力气息的艺术效果。所以,紫砂塑器不仅应形象生动,构图简洁,而且应巧妙地利用紫砂泥料的天然色泽来增强其艺术效果。

筋纹器造型的特点是将形体的俯视面若干等分,把生动流畅的筋纹组织于精确严密的结构之中。这是从生活中所见的瓜棱、花瓣、云水纹等创作出来的造型样式。因此筋纹器选型不仅在造型侧视面上寻求变化,其俯视面上的形象更吸引人。筋纹器造型纹理清晰流畅,口盖准缝严密,是艺术与技术的高度统合。筋纹器形体是从砂器早期的六方形壶的基础上发展而来的。筋纹器壶艺造型规则是"上下对应,身盖齐同,体形和谐,比例精确,纹理清晰,深浅自如,明暗分明,配置合理"。大多数这类壶艺均要求口、盖、嘴、把都必须做成筋纹形,使与壶身的纹理相配合。这也就要求壶体与壶盖结合上犹如精密机械一般。每一等份、每一壶口半圆线、弧线等都要计算得十分精确。其工艺手法的严谨达到了无比严密的程度。近代常见的筋纹器造型有合菱壶、半菊壶等。紫砂壶的形制,几乎包罗了自然界与世间各类可创性的形体。这也是紫砂器形制特别丰富的重要原因。目前,有的紫砂壶兼有两种甚至三种形体造型,这种造型方法就是在圆形、方形壶上再装饰别的形体,如掇球壶是自然形体与几何形体的结合;四方竹段壶既是筋纹形体又是几何形体与自然形体的造型;六方掇球壶乃是自然形体与几何形体和筋纹形体的统合。紫砂器的各种形体是在方器、圆器基础上发展而来的。所以紫砂器造型是"方非一式,圆不一相",这就是数百年来无数艺人创作经验的累积。

二、紫砂壶的材质特征

紫砂泥属于高岭土—石英—云母类型,含氧化硅、氧化铁、氧化钙、氧化镁、氧化锰、氧化钾等化学成分,其中含铁量较高,它的烧成温度一般在1120~1150℃,由于地质成因的关系,每处的泥矿所含铁量及其他成分的高低也不尽相同。当地一般把陶土矿土分为白泥、甲泥和嫩泥三大类。白泥是一种以灰白色为主颜色的粉砂铝土质黏土;甲泥是一种以紫色为主的杂色粉砂质黏土,又叫石骨,材质硬、脆、精;嫩泥是一种以黄色和灰白色为主的杂色黏土,材质软、嫩、细。由于陶土中含有不同比例的氧化铁,泥料经不同比例调配,烧制的茶壶就呈现黑、紫、黄、绿、褐、赤等各种色彩。

现在宜兴紫砂壶所用的原料包括紫泥、绿泥、红泥三种,统称紫砂泥。紫泥是甲泥矿层的一个夹层,紫砂泥矿体形态呈薄层状、透镜状。原料外观呈紫红色、紫色,带有浅绿色斑点,烧后外观为紫色、紫棕色、紫黑色,由于它具有可塑性强、收缩率小等优点,是生产各种紫砂陶器的主要泥料,目前仅产于丁蜀镇黄龙山一带。绿泥是紫砂泥层中的夹脂,故有泥中泥之称。绿泥量小,泥嫩,耐火力低,一般多用作壶身的粉料或涂料,以增强紫砂陶的装饰性。红泥是位于嫩泥和矿层底部的泥料,框形不规则,主要分布于丁蜀镇香山附近,红泥的土质特点是氧化铁含量高,这也是壶烧成后呈红色的主要原因。

为了丰富紫砂陶的外观色泽,满足工艺变化和创作设计的需要,可以把几种泥料混合配比,或在泥料中加入金属氧化物着色剂,使产品烧成后呈现天青、栗色、深紫、梨皮、朱砂紫、海棠红、青灰、墨绿、黛黑等诸多颜色，若杂以粗砂、钢砂，产品烧成后珠粒隐现，产生新的质感。近年来还试制成功了醮浆红泥、仿金属光泽液等化妆土，丰富了产品的色彩。

紫砂泥的材质特点，归结起来，有如下几个方面：

（一）干燥收缩率小

紫砂壶从泥坯成型到烧成收缩约8%左右，烧成温度范围较宽，变形率小，生坯强度大，因此茶壶口盖能做到严密合缝，造型轮廓线条规矩严而不致扭曲，把手可以比瓷壶的粗，不怕壶口面失圆，这样与壶嘴比例符合。另外，可以做敞口的器皿及面与壶身同样大的大口面茶壶。

（二）可塑性好

紫砂泥料的可塑性好，生坯强度高，干燥收缩率小，烧成范围宽，稳定性好，使产品在烧制过程中不易变形，其中紫泥的收缩率约为10%。由于具有好的可塑性，可任意加工成大小各异的不同造型，制作时黏合力强，但又不粘工具不粘手，如嘴、把均可单独制成，再粘到壶体上后，可以加泥雕琢加工施艺，方形器皿的泥片接成型可用脂泥连接，再进行加工。这种可塑性为陶艺家充分表达自己的创作意图、施展工艺技巧，提供了物质保证。

（三）紫砂壶传热缓慢，提抚握拿不烫手

全手工制作的紫砂壶透气性好，如果经常拿在手里摩擦，其表面会越发有光泽，手感也会越发温润细腻。这也是其他质地的陶土所无法比拟的。

（四）紫砂壶能吸收茶汁，壶内壁不刷，沏茶绝无异味

紫砂壶经久使用，壶壁积聚茶锈，以致空壶注入沸水，也会产生茶香，这与紫砂壶胎质具有一定的气孔率有关，是紫砂壶独具的品质。因为这个特性决定不同的茶叶用不同的紫砂壶，以免香气混杂，影响原汁原味。有人甚至苛刻到一个紫砂壶只泡固定档次差不多的一种茶，也就是说，即便是泡普洱茶，档次不同，则用不同的紫砂壶冲泡，而不是千篇一律地只用一个紫砂壶。

（五）紫砂泥本身不需要加配其他原料就能单独成陶

成品陶中有双重气孔结构，一为闭口气孔，是团聚体内部的气孔。一为开口气孔，是包裹在团聚体周围的气孔群。这就使紫砂陶具有良好的透气性。气孔微细，因而具有较强的吸附力，而施釉的陶器茶壶几乎没有这种功能，同时茶壶本身是精密合理的造型，壶口茶盖配合严密，位移公差小于0.5mm，从而减少微生物进入壶内的可能，因而，能较长时间保持茶叶的色香味品质，相对地推迟了茶叶变质发馊的时间，其冷热急变性能也好，即便开水冲泡后再急入冷水中也不炸不裂，还可以放置炉火上文火煮茶，不易烧裂。

三、紫砂壶的鉴赏与评价

紫砂艺术的美学内容丰富多彩。方器、圆器、筋纹器的严谨挺括，组成紫砂造型艺术的主旋律。圆器的简洁明了，方器的稳重端庄，筋纹器的严谨挺括，表现出紫砂的传统艺术美。紫砂的成型工艺技法是世界独一无二的，全方位地展现了手工艺品的独到之处，是其他陶器成型方法所不能比拟的。"打身筒法"和"镶身筒法"的创造、利用和掌握，更是宜兴紫砂的独创，这在世界陶瓷领域中也是独一无二的。宜兴紫砂陶艺装饰以中国传统的金石书画为主题，另外施以嵌、绘、彩、釉、塑、贴、漆、镂等技术，巧妙地利用紫砂材质和其他

一切材质，与造型有机结合，具有鲜明的民族特点、地域特点、文化特点，它所包含的感性美和理性美的双重内涵，所带来的视觉美和触觉美的双重感受，体现了紫砂所特有的肌理美、静态美、古朴美、典雅美，从而独步于装饰艺术之林，迥然不同于国外陶瓷和国内其他陶瓷产品，别具一格，独领风骚。因此评价和欣赏一把壶也需要具有一定的审美素养。

如果抽象地讲紫砂壶艺的审美，可以总结为形、神、气、态这四个要素。形，即形式的美，是作品的外轮廓，也就是具体的面相。神，即神韵，一种能令人意会的美的韵味。气，即气质，壶艺所内含的本质美。态，即形态，作品的高、低、肥、瘦、刚柔、方、圆等各种姿态。从这几个方面，贯通一气的紫砂壶，才是一件真正完美的好作品。

一件新的作品，应该在领悟到美的本质以后再加以评点，以这样的审美态度为出发点，才能赢得爱好紫砂者的共鸣。当然作为一件实用工艺美术品，它的实用性也非常重要。

当今，鉴定宜兴紫砂壶优劣的标准归纳起来可以用五个字概括：泥、形、工、款、功。前四个字属艺术标准，最后一个字为功用标准。

（一）泥

一把好的紫砂壶固然与它的制作分不开，但是究其根本，是优质的紫砂泥。根据现代科学分析，紫砂泥的分子结构确实有与其他泥不同的地方，就算是同样的紫砂泥，其结构也不尽相同。这样由于原材料不同，带来的功效及给人的感受也不尽相同。

虽然泥色的变化只给人们带来视觉的变化，与其他的实用功能无关，但紫砂壶是实用功能很强的艺术品，尤其由于使用的习惯，紫砂壶需要不断抚摸，以达到心理愉悦目的。近年来流行的铺砂壶，正是强调这种质表手感的产物。好的紫砂泥具有色不艳、质不腻的显著特征。

（二）形

紫砂壶的形状大小可分为三种：几何形、自然形、筋纹形。紫砂圈内人士则分别称之为"光货、花货、筋瓢货"。几何形即光货，自然形即花货，筋纹形就是筋瓢货。紫砂壶之形，素有"方非一世，圆不一相"的赞誉。可以说造型千姿百态、古朴典雅就是历代制壶艺人遵循的法则，也是紫砂壶区别于其他工艺品的造型特征。数百年来，历代紫砂艺人广泛地吸收传统艺术的精华，将其有机地融入自己的造型艺术中去，使他们手中的紫砂壶成为美的艺术。

如何评价紫砂茶具的造型？历来都是智者见智，仁者见仁。因为艺术的社会功能就是满足人们的心理需要，不同的人对艺术的理解与偏好也各不相同。一般来说，选择一把好的紫砂壶，在造型风格上以古拙最佳，大度次之，清秀再次之，趣味又次之。因为作为茶文化的组成部分，紫砂壶追求的意境，也应该与茶艺所追求的"淡泊平和，超世脱俗"的意境相一致，所以造型以古拙为最佳。历史上遗留下来许多传统造型的紫砂壶，例如石瓢、井栏、僧帽、掇球、茄段、瓜棱、仿古等优秀作品，虽然经过无数代的变迁，但用今天的眼光来欣赏，仍然具有独到的艺术特色。

（三）工

传统的紫砂茶壶成型都是纯手工制作，不同的工艺有不同的制作风格。一把好的紫砂壶，除了壶的把、扭、盖、肩、腹、圈足应与壶身整体比例协调外，其长短、粗细、高矮、方圆、线条的曲直、刚柔和稳重饱满等各方面也应与壶身相协调。在判断其优劣时，可以从以下几个方面着手：观察点、线、面的过渡转折是否交代清楚与流畅；注意观察壶面是否圆润、光滑、有质感；用手触摸壶内壁，看是否精细；查看壶盖是否有破损；总体上感觉壶形是否自然。

通常壶盖的制作也能显示出其工艺技术水平。制作精良的圆形壶盖能通转而不滞，准合无间不摇晃，倒茶也没有落帽的担忧，而方形壶盖无论从哪个角度盖上，均能吻合得天衣无缝。

常见壶盖问题主要有：方器壶盖只能按一个方向盖上，有的圆盖在烧制过程中有变形，有的壶盖内径过小，上述壶盖的优缺点也是评价紫砂壶工艺技术的标准之一。

（四）款

"款"即壶的款式。鉴赏紫砂壶款的意思有两层：一层意思是鉴别壶的作者或题诗镌铭的作者；另一层意思是欣赏题词的内容、镌刻的书画，还有印款。一把好的紫砂壶不仅在泥色、造型、制作功夫上，而且在文学、书法、绘画、金石等诸多方面，都能带给赏壶人美的享受。

紫砂壶的款识一般位于壶的盖内、壶底、把梢、腹四个部位。款识大小应适宜；刻款、印章的大小应与壶本身具有一定的协调性；款识大小应与壶的大小相协调，即壶大款识大，壶小款识小；款识大小应与款识所处的部位相协调；壶底的款识应比壶盖宽，把梢的款识应相应大些。反之，则很有可能是伪品。

（五）功

"功"是指壶的功能美。紫砂壶与别的艺术品最大的区别，就在于它是实用性很强的艺术品，因此，紫砂壶用于泡茶注水的功能性应优先考虑。优良的实用功能是指其容积和容量恰当，高矮妥当，大者容水数升，小者仅纳一杯之量；壶把便于端拿，重心稳当，口盖严谨，出水流畅，让品茗沏茶者可以得心应手地使用。按目前家庭的饮茶习惯，一般2~5人聚饮以采用容量350毫升的紫砂壶，无论手拿手提都很方便，所以人称"一手壶"。近年来，紫砂壶新品层出不穷，如群星璀璨，让人目不暇接。制壶工艺师在讲究造型的形式美时，容易忽视其功能美。

通过以上内容我们了解了紫砂壶欣赏的大致标准，那么，在挑选手工紫砂壶过程中还应注意哪些细节呢？

1. 第一步：看颜色

宜兴紫砂色彩丰富，除了比较多的栗紫色以外，还有红紫、褐紫、黛紫等。宜兴以外其他地方所谓的"紫泥"烧出来的成品颜色单一，一般均呈橙色，细看有一种黄泥在内的感觉。而宜兴紫砂壶除了大量以紫红色为主外，还有绿、黄、黑等颜色，可以说色无相类，品无相同。非宜兴紫砂的颜色则单一、刻板，缺少变化。

有藏家认为，紫砂泥不能过于鲜艳，鲜艳的泥料多是添加了化学原料的。天然的紫砂泥素有"五色土"之称，就是因为紫砂土本身含有大量的金属成分，能用原矿泥料配出诸多花色，如果窑温得当，可以说是千姿百态。

2. 第二步：观品相

紫砂除了其材质以外，品类、品相、品格也很重要。紫砂壶造型是存世的各类器皿中最丰富的，素有"方非一式，圆不一相"之称。如何评价这些多变的造型，也是仁者见仁，智者见智。作为艺术品的一个门类，紫砂可以满足藏家不同的心理需求，大度、清秀、古拙的紫砂壶，各有可取之处。但藏家多认为古拙为最佳，大度、清秀次之。

在茶叶市场经营多年的壶商陈潇表示，"与品质优良的紫砂壶相比，差的壶造型呆板、生硬，因为非手工制作，对线条块面等的比例细节不注重，因此看起来比较陋俗"。紫砂壶是茶文化的组成部分，它追求的意境，即"淡泊和平，超世脱俗"，而古拙与这种气氛最为融洽。

3. 第三步：摸质感

拿起一把紫砂壶，除了观、审以外就是用手去摸，必要时可将壶贴在脸上。因为宜兴紫砂土内含相当比例的砂质，摸上去手感舒适。"与肌肤接触感觉很温润。非宜兴紫砂土做的壶，看起来光滑，实际上抓在手里的感觉是涩腻的。"一位藏家这样阐释紫砂的质感，"一般来说，好的泥料加好的做工，手感应该是不错的，加了砂要看砂的颗粒大小，一般拿在手里不应有粗糙的感觉。"

紫砂壶是实用功能很强的艺术品，尤其需要不断抚摸其表层，使手感舒适。另外，紫砂与其他陶泥相比，一个显著的特点就是手感不同，摸紫砂物件就如手摸豆沙，细而不腻。因此在评价一把紫砂壶时，壶表面的手感尤为重要。

紫砂艺术是一种"源于生活，高于生活"的艺术创作形式。一件好的紫砂壶，除了讲究形式的完美与制作技巧的精湛，还要审视纹样的适合性、装饰的取材以及制作的手法。再说壶艺本身就蕴含着感情。所以一件较完美的作品，必须能够抒发艺术的语言，既要方便使用，又要能够陶冶性情、启迪心灵，给人油然而生的艺术感受。诚如已故紫砂大师顾景舟所说："总之，艺术要有决断、要朴素、要率真，要把亲自感觉到的表达出来，以达到形、神、气、态兼备，才能使作品气韵生动，显示出强烈的艺术感染力。"

4. 第四步：听声音

宜兴紫砂经人工制作，泥胚经过多次捶击、整压，再经多道工序，其上面制作者的手指印纹可谓不计其数，烧成后敲击的声音比较清脆；非宜兴壶成型时只是经过泥浆从转盘中旋出，或从模型中做出来，泥料未经挤压也没经过艺人用手推、捏、摸、顺、刮等手工工艺，因此缺少情韵，敲起来声音会发闷。"紫砂壶的声音要结合很多因素，和胎的新老厚薄都有直接关系，如果声音太尖锐了，则多半是新壶，如果极尖锐清脆，也许是化工泥的。"藏家陈潇表示。

5. 第五步：看内部

制作紫砂壶经过多道工序已经很难看出手工痕迹，但仔细观察触摸壶内部却可发现一些迹象，"例如嘴与壶身衔接处，如果是手工黏合的，则在交汇处总有一点痕迹显示出来，因为制壶者很难将壶的内身修整得很光滑，再说也没有必要去处理得很平整"。对此藏家傅钢建议，对壶的判断需要冷静客观，想了解紫砂陶艺就要多欣赏历史传器，这样可以了解紫砂泥料的发展脉络，同时可以了解紫砂陶的基本语言，这样才能会看壶，很多困惑自然迎刃而解。

情境五

名茶茶艺赏析

实训目的

通过本情境的训练,掌握绿茶、红茶、乌龙茶、白茶、黄茶、黑茶等茶艺的冲泡操作技法。

知识背景

茶艺,是指如何泡好一壶茶的技术和如何享受一杯茶的艺术。日常生活中,虽然人人都能泡茶、喝茶,但要真正泡好茶、喝好茶却并非易事。泡好一壶茶和享受一杯茶也要涉及广泛的内容,如识茶、选茶、泡茶、品茶、茶文化、茶艺美学等。因此泡茶、喝茶是一项技艺、一门艺术。泡茶可以因时、因地、因人的不同而有不同的方法。泡茶时涉及茶、水、茶具、时间、环境等因素,把握这些因素之间的关系是泡好茶的关键。

情境导入

龙凤茶楼要根据不同的顾客需求为客人冲泡不同的茶叶。如果你是小刘,你将如何有针对性地为客人服务?

工作任务一 绿茶茶艺赏析

任务导入

一天,几位朋友到龙凤茶楼喝茶,小刘问道:"请问几位喝什么茶?"一位朋友说:"我喝绿茶,听说绿茶有好多种冲泡方法。"朋友问茶艺师:"什么是绿茶?绿茶真的可以用任何器具冲泡吗?"如果你是小刘,你应该怎样回答?

绿茶表演

任务分析

通过本任务的学习,能够掌握绿茶冲泡时茶具的选择、冲泡的基本方法以及茶汤的品饮,能够进行西湖龙井的茶艺表演。

任务实施

1. 资料收集
(1) 绿茶的茶艺技法。
(2) 绿茶冲泡的水温、器具。
(3) 绿茶冲泡的解说词。

2. 计划分工
(1) 分工查询资料。
(2) 分工整理资料。
(3) 资料收集需要哪些方法与途径?

3. 任务实施
(1) 进行资料汇总。
(2) 分析资料。
(3) 小组展示练习。

4. 任务检查
(1) 动作流程是否完整?
(2) 讲解是否正确、流畅?

综合测评

绿　　茶

专业:　　　　　　班级:　　　　　　学号:　　　　　　姓名:

序号	测试内容	得分标准	应得分	实得分
1	备具	物品准备齐全,摆放整齐,具有美感,便于操作	10分	
2	点香	姿态规范、优美,神情专注	10分	
3	洗杯	水量均匀,逆时针回旋	10分	
4	凉汤	水温把握适中	10分	
5	投茶	投茶量把握正确	10分	
6	润茶	注水量均匀,水流沿杯壁下落,润茶的动作美观	10分	
7	冲水	茶壶三起三落,水流不间断,水量控制均匀	10分	

续表

序号	测试内容	得分标准	应得分	实得分
8	奉茶	双手捧出，不碰杯口，使用礼貌用语	10 分	
9	赏茶	有一定鉴赏能力，语言把握准确	10 分	
10	闻香	动作准确规范	5 分	
11	品茶	姿态规范、优美	5 分	
		合计	100 分	

狮峰龙井茶艺表演

1. 茶具配置

茶盘一个，无花直筒玻璃杯三只，随手泡一套，茶道组一套，茶罐一个，茶荷一只，茶巾一条，香炉一个，香一支，特级狮峰龙井 9 克。

2. 狮峰龙井茶艺表演步骤及内容

步骤	操作内容	茶艺解说（示例）
第一道，点香焚香除妄念	点燃一支熏香，将香插入香炉	俗话说"泡茶可修身养性，品茶如品味人生"，如今品茶，首先讲究平心静气；熏香可以影响人的心情，使人去除妄念，心平气和
第二道，洗杯冰心去凡尘	将干净的玻璃杯烫洗一次	茶是至清至洁、天含地育的灵物，所以要求泡茶的器皿也是冰清玉洁、一尘不染的。将本已洗净的玻璃杯再烫洗一遍，一则表示对嘉宾的敬意，二则预热茶具，三则再次清洁茶具
第三道，凉汤玉壶养太和	把开水注入瓷壶中降低水温	狮峰龙井茶芽极细嫩，若直接用开水冲泡，会烫熟茶芽而造成熟汤失味，所以要先将开水倒入瓷壶中，待水温降到 80℃ 左右再用以冲茶
第四道，投茶清宫迎佳人	用茶匙将茶叶投入玻璃杯中，每杯 3~5 克	苏东坡有诗云"戏作小诗君勿笑，从来佳茗似佳人"，他把优质茶比喻成让人一见倾心的绝代佳人。"清宫迎佳人"就是用茶匙将茶叶投入冰清玉洁的玻璃杯中
第五道，润茶甘露润莲心	向杯中注入约 1/3 容量的热水，润茶；双手拿起茶杯，摇香	龙井茶属于芽茶类，细嫩无比，一般采用二次冲泡法，即浸润泡；润茶的目的是使茶叶充分浸润，吸收水的温度和湿度，将茶叶中所含物质充分溶解出来；采用摇香的方式可以使茶香较快地释放出来
第六道，冲水凤凰三点头	采用"凤凰三点头"冲茶	冲泡绿茶也讲究高冲水，在冲水时有节奏地三起三落，叫作"凤凰三点头"，意为凤凰再三向宾客们点头致意，以示对各位客人的尊敬
第七道，泡茶碧玉沉清江	龙井茶吸收了水分，逐渐舒展开来并慢慢沉入杯底	龙井茶吸收水分，逐渐舒展开来并慢慢沉入杯底，称之为"碧玉沉清江"

续表

步骤	操作内容	茶艺解说（示例）
第八道，奉茶 观音捧玉瓶	面带微笑，向宾客奉茶	佛教故事中传说，大慈大悲的观音菩萨捧着一个白玉瓶，净瓶中的甘露可消灾祛病，救苦救难；"观音捧玉瓶"意为祝宾客一生平安
第九道，赏茶 春波展旗枪	请客人欣赏在热水浸泡下龙井茶的茶姿、茶舞	在热水的浸泡下，龙井茶的茶芽慢慢地舒展开来；尖尖的茶芽如枪，展开的叶片像旗，一芽一叶称之为"旗枪"；舒展开来的茶芽矗立在杯底，在清碧澄净的水中或上下浮动或左右晃动，栩栩如生，宛如春兰初绽，又似有生命的精灵在舞蹈；茶艺表演中称之为"春波展旗枪"
第十道，闻香 慧心悟茶香	请客人嗅闻龙井茶的茶香	龙井茶被誉为"色绿、香郁、味醇、形美"的四绝佳茗；所以品饮龙井茶要一看、二闻、三品味；龙井茶香高持久，冲泡后清香若兰，令人心旷神怡
第十一道，品茶 淡中回至味	请客人品尝龙井茶的滋味	端杯小口啜饮，品尝茶汤滋味，缓慢吞咽，让茶汤与舌头味蕾充分接触，则可领略到名优绿茶的风味；清代茶人陆次之说："龙井茶，真者甘香而不冽，啜之淡然，似乎无味，饮过之后，觉有一种太和之气，弥留于齿颊之间，此无味之味，乃至味也。"
第十二道，谢茶 自斟乐无穷	请客人自斟自酌	品茶之乐，乐在闲适，乐在怡然自得；请各位来宾亲自动手，自斟自品，从茶事活动中感受修身养性、品味人生的无穷乐趣

知识链接

一、绿茶茶具的配置

绿茶有大宗绿茶和名优绿茶之分。名优绿茶是指具有一定知名度的优质绿茶。其造型有特色，内质香味独特，品质优异，一般以手工制造，产量相对较小。大宗绿茶是指除名优绿茶以外的炒青、烘青、晒青等普通绿茶，大多以机械制造，产量较大，品质以中、低档为主。

品饮名优绿茶适合用无盖透明玻璃杯或白瓷、青瓷、青花瓷无盖杯等，最好是无花直筒玻璃杯。这是因为名优绿茶特别细嫩，一般都采摘一芽或一芽一叶或一芽两叶，用无盖的敞口杯泡，可以使水的热气尽快散发，不至于将茶叶焖黄焖熟。使用无花直筒玻璃杯，可以使品饮者在冲泡过程中欣赏细嫩的茶芽在水中慢慢舒展，享受翩翩起舞之茶趣。但玻璃的传热快、不透气，茶香容易散失，因此，所用茶杯宜小不宜大，大则水量多、热量大，首先，会将茶叶泡熟，使茶叶失去翠绿的色泽；其次，会使茶芽软化，不能在汤中林立，失去姿态；第三，会使茶香减弱，甚至产生"熟糖味"。

中档的大宗绿茶可选用瓷杯、瓷碗加盖冲泡，以闻香、品味为主，观形次之。

低档的粗茶和茶末，可选用茶壶冲泡，闻其香，尝其味，不见其形。"老壶茶泡"，一则可保持热量，利于茶浸出物溶解于茶汤，提高茶汤中有益于身体健康的成分；二则较粗老的茶叶缺乏观赏价值，用来待客不太雅观，用壶来泡可避免失礼之嫌。

二、绿茶的水温

一般来说，冲泡的水温会影响茶中可溶性浸出物的浸出速度，水温越高，浸出速度越快，在相同的时间内，茶汤的滋味越浓。因此，泡茶的水温应考虑茶的老嫩、松紧、大小等因素，茶叶原料粗老、紧实、叶大的，其冲泡水温要比原料细嫩、松散、叶碎的高。

具体而言，高级细嫩的名优绿茶，一般只能用80℃左右的水，以保持茶叶色泽细嫩，滋味鲜爽，维生素C不被破坏。水温过高，会使茶汤变黄，滋味变苦，维生素C被大量破坏；水温过低，茶叶会浮出水面，有效成分难以浸出，茶味淡薄。大宗绿茶由于茶叶老嫩适中，可用90℃左右的开水冲泡。低档的绿茶则用100℃的沸水冲泡。

三、冲泡的次数

一般茶在冲泡第一次时，茶中的物质能浸出50%~55%，第二次能浸出39%，第三次能浸出10%，第四次只能浸出2%~3%，与开水无异。

大宗绿茶中的条形茶，通常只能冲泡2~3次；名优绿茶一般只能冲泡1~2次。

若需续水则应在喝至一半或1/3时加水，可保持鲜味不变；若喝完再加水，则茶汤无味。

四、茶水比例

冲泡茶叶时，茶与水的比例称为茶水比例。茶水比不同，茶汤香气的高低和滋味的浓淡也不同。茶叶与水要有适当的比例，水多茶少味道淡薄，茶多水少则茶汤会苦涩不爽。

冲泡绿茶一般用1:50~1:60的茶水比，即每克茶冲泡50~60毫升水。

此外，饮茶时间不同，对茶汤浓度的要求也有区别。饭后或酒后，可适度饮茶，茶水比应大些；睡前，饮茶宜淡，茶水比应小些。此外，茶水饮用量与饮茶者的年龄、性别、爱好有关。

五、冲泡时间

茶的滋味是随着冲泡时间的延长而逐渐增浓的。

一般冲泡后3分钟左右饮用最好。时间太短，茶汤色浅，味淡；时间太长，香味会受损。

一般来说，凡用茶量大或水温偏高，或茶叶细嫩，或茶叶较松散的，冲泡时间要相对缩短；相反，用茶量偏小或水温偏低，或茶叶粗老，或茶叶紧实的，冲泡时间可相对较长。

任何品类的茶叶都不宜浸泡过久或泡过多次，这样不但会使茶汤变得味淡香失，茶叶中所含的芳香物质和茶多酚也会自动氧化，不但降低了茶叶的营养价值，还会泡出其他有害物质，茶叶中的维生素也将荡然无存。

六、绿茶的冲泡

由于绿茶品类、品级的不同，其冲泡方法也不同。

（一）名优绿茶的冲泡——杯泡法

由于名优绿茶极其细嫩，因此一般选择无花直筒玻璃杯冲泡，即杯泡法。由于各类绿茶的外形不同，选择玻璃杯冲泡，也有不同的方法。

1. 下投法

所谓下投法是指冲泡茶叶时，先把茶叶拨入杯中，注入1/3的热水润泽干茶，摇杯帮助茶叶吸收水的温度和湿度，继而将水注入杯中至七分满的方法。

这种方法一般适合于外形扁平光滑、不易下沉的茶叶，典型代表是龙井茶。

2. 中投法

所谓中投法是指冲泡茶叶时，先将热水注入杯中约1/3，然后将茶叶拨入杯中，摇杯帮助茶叶吸收水的温度和湿度，继而再将水注入杯中至七分满的方法。

这种方法一般适合于外形纤细、不易下沉的茶叶，典型代表是黄山毛峰。

3. 上投法

所谓上投法是指冲泡茶叶时，先将开水注入玻璃杯中至七分满，再将茶叶拨入杯中的冲泡方法。

这种方法只适合于外形较紧密结实、易下沉的茶叶，典型代表是洞庭碧螺春。

（二）中档绿茶的冲泡——盖碗泡法

中档绿茶在外形上与名优绿茶相比观赏性稍逊，因此适合盖碗泡法，以闻香品味为主，观形次之。

（三）大宗绿茶的冲泡——壶泡法

大宗绿茶无论是外形还是内质，其色、香、味、形都比较逊色，缺少观赏性，若用玻璃杯冲泡反而显得不雅，一般采用壶泡法，茶界历来有"嫩茶杯泡，老茶壶泡"之说。

七、茶汤的品饮

高级细嫩的绿茶，色、香、味、形都别具一格，品茶时，可以透过晶莹清亮的茶汤观赏茶的沉浮、舒展和姿态，再查看茶汁的浸出、渗透和汤色的变幻，然后端起茶杯，先闻香，再呷上一口，含在口中，慢慢在口舌间来回旋动，如此往复品尝。

（一）观形

观形，主要是观察茶叶的形态和茶汤的颜色。

1. 辨形

辨形就是观察茶叶在冲泡后的形状变化。开汤后，茶叶的形态会产生各种变化，逐渐恢复到自然状态。茶叶的形状是千差万别、各有风致的，特别是一些名优绿茶，嫩度高、加工考究、芽叶成朵，在碧绿的茶汤中徐徐伸展、亭亭玉立、婀娜多姿，令人赏心悦目。茶在冲泡过程中，经吸水浸润而舒展，或似春笋，或如雀舌，或若兰花，或像墨菊……与此同时，茶在吸水浸润的过程中，还会因重力的作用，产生一种动感，芽叶在杯中沉浮起降、上下翻滚，煞是好看。

可以同时泡几杯，来比较同一品种不同品质茶叶的好坏，其中舒展顺利、茶汁分泌最旺盛、茶叶身段最柔软飘逸的茶叶，是最好的茶叶。

此外,还可以通过对叶底的辨识,了解其老嫩、整碎、亮暗、匀杂、软硬等情况,从而确定其质量的优次。

绿茶的叶底一般是翠绿色到黄绿色。

2. 观汤色

冲泡茶叶后,茶叶内含成分溶解在沸水中的溶液所呈现的色彩,称为汤色。

不同的茶类用水冲泡后的颜色也各不相同,即使同类茶叶也有不同的颜色。比如绿茶,其汤色有浅绿、嫩绿、翠绿、杏黄、黄绿之分,以嫩绿、翠绿为上品,黄绿为下品。

观汤色要快而及时,因为茶多酚类物质,溶解在热水中后与空气接触很容易氧化变色,绿茶的汤色氧化后即变黄。

随着汤温下降,汤色一般会逐渐变深。在相同的温度和时间内,茶汤颜色的变化,嫩茶大于老茶,新茶大于陈茶。

此外,还要观察茶汤的明亮度,清澈明亮的最好,灰暗的最差,有浑浊和沉淀也不好。

(二) 闻香

闻香,就是嗅闻茶汤散发出来的香气。开汤泡一壶茶,倒出茶汤,趁热打开壶盖或端起茶杯闻闻茶汤的热香,判断一下茶汤的香型是菜香、花香、果香还是麦芽糖香,同时判断茶汤有无烟味、油臭味、焦味或其他异味,综合判断茶叶的新旧、发酵程度、焙火轻重。好茶的香气是自然、纯真,闻之沁人心脾,令人陶醉的。低劣的茶叶则有股烟焦味和青草味,甚至夹杂馊臭味。

绿茶有清香鲜爽感,有果香、花香者为佳。一般而言,原料细嫩、制作精良的上品名优绿茶具有清香和嫩香的香气,有的还天然带有板栗香、兰花香。

香气低沉、粗俗者,是低级绿茶;尚有陈气者,为陈茶;有异味或霉味者,为变质茶。

湿嗅茶香,有热嗅、温嗅和冷嗅三种。热嗅的重点是辨别香气是否正常、香气的类型、香气的高低;温嗅则可以比较正确地判断香气的优次、香气的清浊浓淡;冷嗅的重点是判断茶叶香气的持久度,好的茶叶,其香气持久、高长。

(三) 品味

品味,就是品尝茶汤的滋味,通过舌头的味觉来感受茶的美妙滋味。不同的茶类有不同的滋味,不管何种茶叶泡出的茶汤,初入口时,都有或浓或淡的苦涩味,但咽下之后,很快就有回甘,韵味无穷。

名优绿茶滋味鲜醇爽口,浓而不苦,回味甘甜,而低档绿茶则比较苦涩,甚至有青草气。

品尝头开茶,重在品尝名优绿茶的鲜味和茶香;品尝二开茶,重在品尝名优绿茶的回味和甘醇;三开茶茶味已淡,则顺其自然。

工作任务二 红茶茶艺赏析

任务导入

一天,小刘对好朋友小文说:"最近好像长胖了,听说红茶有减肥的功效,你买点红茶来试试!""我最近一直在喝祁门工夫

红茶表演

茶,"小文说,"我经常听说潮汕工夫茶,不知道和祁门工夫茶比,哪个好些?"

小文的问法合适吗?针对小文的话,小刘应该如何解释和说明?

任务分析

通过本任务的学习,掌握红茶的基本特点,掌握红茶冲泡的基本方法和祁门红茶的茶艺表演。

任务实施

1. 资料收集

(1) 红茶的茶艺技法。

(2) 红茶冲泡的水温、器具。

(3) 红茶冲泡的解说词。

2. 计划分工

(1) 分工查询资料。

(2) 分工整理资料。

(3) 资料收集需要哪些方法与途径?

3. 任务实施

(1) 进行资料汇总。

(2) 分析资料。

(3) 小组展示练习。

4. 任务检查

(1) 动作流程是否完整?

(2) 讲解是否正确、流畅?

综合测评

红 茶

专业:　　　　　　班级:　　　　　　学号:　　　　　　姓名:

序号	测试内容	得分标准	应得分	实得分
1	备具	物品准备齐全,摆放整齐,具有美感,便于操作	10分	
2	赏茶	姿态规范、优美,神情专注	10分	
3	温壶	水量均匀,逆时针回旋	10分	
4	投茶	投茶量把握准确	10分	
5	洗茶	注水速度均匀,快速出汤	10分	
6	冲水	将开水从高处注入壶中,水速控制均匀	10分	

序号	测试内容	得分标准	应得分	实得分
7	奉茶	双手捧出，不碰杯口，使用礼貌用语	10 分	
8	赏茶	有一定鉴赏能力，语言把握准确	10 分	
9	闻香	动作准确规范	10 分	
10	品茶	姿态规范、优美	10 分	
		合计	100 分	

祁门红茶茶艺表演

1. 茶具配置

茶盘一个，瓷质茶壶一把，白瓷茶杯三只，茶道组一套，茶罐一个，茶荷一只，茶巾一条（宜选暖色调），随手泡一套，祁门红茶若干。

2. 祁门红茶茶艺表演步骤及内容

步骤	操作内容	茶艺解说（示例）
第一道，赏茶 宝光初现	向客人展示祁门红茶	祁门红茶产于安徽省，其条索紧秀，峰苗好，色泽乌黑润泽泛灰光，俗称"宝光"
第二道，温壶 流云拂月	用开水洁净壶具	温壶的作用是预热茶具和再次清洁茶具
第三道，投茶 王子入宫	用茶匙将茶叶拨入壶中	祁门红茶被誉为"王子茶"，将其拨入壶中称为"王子入宫"
第四道，洗茶 养气发香	向壶中注入 2/3 的水，然后盖上盖，迅速将水倒入水盂	头泡茶水，不宜敬上，倒掉为宜，以洗掉茶叶上的灰尘和残渣，同时让茶叶有一个舒展的过程
第五道，冲泡 悬壶高冲	将开水从高处注入壶中	这是冲泡祁门红茶的关键。冲泡祁门红茶的水温要在 100℃，刚才初沸的水，此时已是"蟹眼已过鱼眼生"，正好用于冲泡。而高冲可以让祁门红茶的茶叶在水的激荡下，充分浸润，以利于色、香、味的充分发挥
第六道，奉茶 分杯敬客	提起茶壶，轻轻摇晃，待茶汤浓度均匀后，采用循环倾注法倾茶汤入杯；用双手向宾客奉茶	用循环倾注法斟茶，能使杯中茶汤的色、香、味一致
第七道，闻香 喜闻幽香	请客人闻茶香	一杯茶到手，先要闻香。祁门红茶是世界公认的三大高香茶之一，其香浓郁高长，又有"茶中英豪""群芳最"之誉。香气甜润中蕴藏着一股兰花之香
第八道，观汤 细睹容颜	请客人观赏祁门红茶的汤色	祁门红茶的汤色红艳鲜亮，杯沿有一圈明显的金黄色的光环，被称为"金圈"；再看叶底，鲜红细嫩，披着一身红艳艳的"时装"，令人赏心悦目

续表

步骤	操作内容	茶艺解说（示例）
第九道，品茶 品味鲜爽	请宾客缓啜品饮	祁门红茶口感以鲜爽、浓醇为主，回味悠久，质压群芳。一口可觉茶香，二口可觉茶味、三口可觉茶醇，茶味在口中停留，久久不能散去
第十道，谢客 三生盟约	请客人自斟自赏	红茶通常可冲洗三次，三次的口感各不相同，一赏鲜爽，二赏余韵，三番细饮慢品，方得茶的真谛

知识链接

一、红茶茶具的配置

红茶既可用杯泡，也可以用壶泡，还可以用工夫茶具冲泡。一般杯泡最好选择有盖的瓷杯。因为红茶并不细嫩，需要盖上杯盖才能使茶叶尽快吸收水的热气和湿气，有利于茶性的散发。

工夫红茶多用壶泡法，因为工夫红茶具有香高、色艳、味醇的特点，用壶泡，尤其是用紫砂壶冲泡，更能体现红茶的香高、味醇。

一般红碎茶多选择白瓷、红釉瓷、暖色瓷的壶具，它的侧重点是观赏汤色。

欣赏红茶的汤色是红茶品评的重要内容。为了更好地欣赏红茶红艳明亮的汤色，宜选择最能体现其色泽美的白瓷茶具，一般可选择白瓷、红釉瓷、暖色瓷、内挂白釉的紫砂等壶具、盖杯，或透明的玻璃壶具等。

二、泡茶的水温

冲泡红茶，可用90℃左右的开水冲泡，对于低档的红茶则要用100℃的沸水冲泡。

三、冲泡的次数

红茶中的红碎茶只能冲泡一次，工夫红茶则可冲泡2～3次。

四、茶水比例

冲泡红茶，用1∶50～1∶60的茶水比，即每克茶冲泡50～60毫升水。

五、冲泡时间

一般冲泡后3分钟左右饮用。时间太短，茶汤色浅、味淡；时间太长，香味会受损。

六、红茶的冲泡

（一）清饮法

清饮法是指红茶经冲泡后得到的茶汤直接饮用，不添加其他调料。清饮法重在领略茶的色、香、味。清饮法一般分为清饮杯泡和清饮壶泡两类。

1. 清饮杯泡

高档的条茶类型的工夫红茶具有香高、色艳、味醇的特点，多采用清饮杯泡法。为了使红茶的内质得以充分表现，一般采用白瓷杯或者内壁为白色的茶杯冲泡，以便观色。

2. 清饮壶泡

中、低档的工夫红茶、红碎茶，一般采用清饮壶泡法。茶壶可用透明的玻璃壶或内质白釉的紫砂壶、瓷壶，以便观色。

（二）工夫茶艺

为了使红茶的内质得以充分发挥，采用工夫茶艺冲泡红茶，一般工夫茶都可采用工夫茶艺。

下面为宁红太子茶茶艺表演的茶具配置与表演程序。

1. 茶具配置

茶盘一个，玉质茶壶一把，玉质茶杯三只，茶艺六用一套，茶样罐一个，茶荷一只；茶巾一条（宜选暖色调），随手泡一套，香炉三个，香三支，宁红太子茶若干。

2. 宁红太子茶茶艺表演程序

第一道，焚香净室。品茶之前要清除浊气，使空气变得清新。这样品茶，当然高雅无比。但还有另一层意思：茶是神农所赐，有传说"神农尝百草，日遇七十二毒，得茶而解之"。因而，品茶时要特别恭敬。三个香炉，排成"品"字形，意思是"福、禄、寿"三星高照。

第二道，超尘脱俗。通俗地说，就是洗尘静心，以求进入另一种精神境界。洗尘静心是为使品茶进入意念中的那种精神境界。

第三道，摆盏净杯。茶具为一套古典式玉器，名叫"云腴玉壶"，"云腴"是指肥大的云。净杯要求将水均匀地从茶杯上洗过，而且要无处不到，这种洗法叫"流云拂月"。然后，摆成"孔雀开屏"的形状，排在最前头的是"孔雀头"，这就是太子茶的茶杯。

第四道，明珠入宫。"明珠"是指太子茶，"入宫"是将茶叶放入杯中。这"明珠"来之不易，它是农历谷雨前晴天的早晨，太阳尚未出山的时候，由尚未出嫁的村姑采摘而来的带露茶叶。只能采摘一芽一叶，称之为"一枪一旗"。"枪"指芽，"旗"指叶。解去"红纱"，取出"明珠"，叫作"仙女卸妆"。将茶叶放到杯中，叫作"孔雀点头"，用拇指和食指捏着茶叶，其余三指张开成孔雀形。

第五道，玉泉催花。"玉泉"是指水。这种水，要求"活泉"，就是奔流的泉水。煮水要求二沸：一沸"蟹眼"，二沸"鱼眼"，切忌三沸"龙眼"，这是黄庭坚煮茶时根据水泡大小而命名的。这"催花"就是泡上开水。开水要从杯的旁边均匀地慢慢地围绕"明珠"而筛。然后，用水将"明珠"冲下去，这就是所谓的"游龙戏珠"，最后加盖。

第六道，云腴献主。茶艺表演者轻轻地揭开茶杯盖。奇迹发生了，"明珠"居然变成了一朵盛开的花。这时，细观茶水，呈金红色，称之为"金汤"。用嘴轻轻地一吹，茶水立即掀起一层微波，金鳞片片，璀璨夺目。

第七道，评点江山，即品茶。"评点"是品，"江山"分别是指水和茶质。

（三）调饮法

调饮法就是指在红茶茶汤中加入调料，以佐汤味的一种方法。红茶不仅色艳味醇，而且收敛性差，茶性温和，兼容性强，调配性好，因此它适于配牛奶、柠檬等。

方法是将红茶放入茶壶，冲泡后，再在茶汤中加入方糖、牛奶、柠檬、蜂蜜等辅料，这种调配后的红茶别有风味。

调饮法大多用袋泡红茶（红碎茶），少数也有用工夫红茶。这是因为袋泡红茶茶汁浸出快、浓度高、去渍容易。

一般可以使用瓷质的咖啡茶具，更能感受到用调饮法饮茶所特有的情趣。

七、茶汤的品饮

品饮红茶，重在领略它的香气、滋味和汤色。品饮时，先观其色，再闻其香，然后品尝。饮红茶须在品字上下功夫，缓缓斟饮，细细品味，方可获得品饮红茶的乐趣。

（一）观色

红茶冲泡后呈现"红汤红叶"的特点。

红茶的色泽主要是在红茶的加工过程中，茶叶中茶多酚类物质在酶的作用下氧化生成有色物质，这些有色物质被称为茶黄素、茶红素。茶黄素主要影响红茶茶汤的明亮度。茶红素主要影响红茶茶汤的红艳度。茶黄素、茶红素继续氧化，形成茶褐素。茶褐素增多，会使茶汤发暗，颜色加深。

茶叶中茶多酚物质由于氧化程度不同，形成的氧化聚合物也会呈现不同的颜色，反映在茶叶外观色泽和茶汤上，也会呈现出不同的颜色。绿茶是不发酵茶，茶多酚氧化最轻，红茶是全发酵茶，茶多酚氧化最重，茶叶与茶汤的颜色，随着发酵加重而颜色加深。

红茶有红艳、红亮、深红之别，以红艳明亮为最好。红茶茶汤的颜色特别深红，红褐带青，汤色发暗、浑浊，一般属于低档红茶或陈红茶。

高档优质红茶的茶汤颜色红艳明亮，茶汤在杯边会出现金黄色的"金边"。高级红茶茶汤冷却后会出现混浊现象（呈黄酱色），好像加入了少量的牛奶，这种现象称为"冷后混"。这是红茶色素和咖啡因结合产生黄酱状不溶物的结果。如果将茶汤加温，这种现象就会消失，茶汤又会转为红艳明亮的汤色。

不同种类的红茶，其汤色是有区别的。工夫红茶汤色红艳明亮，小种红茶汤色浓红，而红碎茶汤色红亮，碎茶汤色红浓，片茶汤色红亮，末茶汤色红浓稍暗。

红茶茶汤中的茶多酚氧化，会使茶汤颜色变暗。随着茶汤温度的下降，茶汤颜色会逐渐变深。此外，红茶的叶底，会从黄红色变为红褐色。

（二）闻香

红茶带有苹果香。工夫红茶带有干果香（枣香、桂圆香）、蜜糖香；祁门红茶则具有玫瑰香，上品蕴含兰花香，号称"祁门香"；小种红茶带松烟香；红碎茶中茶香味浓鲜、碎茶香味鲜爽、片茶香味浓爽、末茶香味浓强略涩。

高档的红茶香气浓郁、持久、带甜。香气低沉、有粗老气者，则为低级红茶。

(三) 品味

红茶茶汤的滋味要求"浓、强、鲜",即滋味浓厚、强烈、鲜爽,高档的红茶滋味浓厚鲜强,而低级的红茶则滋味平和粗淡。

红茶属全发酵茶,根据制作工艺的不同,可分为工夫红茶、小种红茶和红碎茶。红茶干茶呈暗红色,带有焦糖香,红茶香气持久、汤色红艳、滋味醇厚,调配性好。欣赏红茶的汤色是红茶品评的重要内容。为了更好地欣赏红茶红艳明亮的汤色,宜选择最能体现其色泽美的白瓷茶具或透明茶具。

工作任务三　乌龙茶茶艺赏析

乌龙茶表演

任务导入

刘夏作为印象茶馆的茶艺师,今天接待了几位来自台湾的客人,客人们想品尝乌龙茶。如果你是茶艺师,你要做哪些准备?怎样进行乌龙茶的冲泡?

任务分析

通过本任务的学习,掌握乌龙茶的基本特点,掌握"工夫茶"茶艺,能够进行台式乌龙茶的茶艺表演。

任务实施

1. 资料收集

(1) 乌龙茶的茶艺技法。
(2) 乌龙茶冲泡的水温、器具。
(3) 乌龙茶冲泡的解说词。

2. 计划分工

(1) 分工查询资料。
(2) 分工整理资料。
(3) 资料收集需要哪些方法与途径?

3. 任务实施

(1) 进行资料汇总。
(2) 分析资料。
(3) 小组展示练习。

4. 任务检查

(1) 动作流程是否完整?
(2) 讲解是否正确、流畅?

综合测评

乌 龙 茶

专业：　　　　　　班级：　　　　　　学号：　　　　　　姓名：

序号	测试内容	得分标准	应得分	实得分
1	备具	物品准备齐全，摆放整齐，具有美感，便于操作	10分	
2	赏茶	姿态规范、优美，神情专注	10分	
3	温壶	水速均匀，逆时针回旋	10分	
4	投茶	投茶量把握准确	10分	
5	洗茶	注水速度均匀，快速出汤	10分	
6	冲水	将开水从高处注入壶中，水速控制均匀	10分	
7	匀汤	均匀茶汤，倒入公道杯	10分	
8	奉茶	双手捧出，不碰杯口，使用礼貌用语	10分	
9	赏茶	有一定鉴赏能力，语言把握准确	10分	
10	闻香	动作准确规范	5分	
11	品茶	姿态规范、优美	5分	
		合计	100分	

乌龙茶茶艺表演

1. 茶具配置

茶盘一个，紫砂壶一把，公道杯一只，闻香杯五只，品茗杯五只，杯托五只，滤网一个，茶道组一套，茶罐一个，茶荷一只，茶巾一条，随手泡一套，乌龙茶若干。

2. 乌龙茶茶艺表演步骤及内容

步骤	操作内容	茶艺解说（示例）
第一道，备具 孔雀开屏	向客人逐一展示泡茶所用的精美茶具，介绍用途	孔雀开屏是向同伴展示自己美丽的羽毛，我们借助孔雀开屏这道程序向各位嘉宾介绍有关泡茶用的精美茶具
第二道，赏茶 叶嘉酬宾	用茶则将乌龙茶拨入茶荷，请客人欣赏干茶	"叶嘉"是苏东坡对茶叶的赞美，"叶嘉酬宾"就是大家鉴赏乌龙茶。今天各位点的乌龙茶就是台湾冻顶乌龙，产自700～1500米的高山地带，终年云雾缭绕，这也注定了冻顶乌龙的优秀品质，其呈墨绿色，略带白毫，呈半球型，紧结而结实

续表

步骤	操作内容	茶艺解说（示例）
第三道，温壶 孟臣静心	用开水温杯洁具	用开水温壶烫盏，在乌龙茶茶艺中称"孟臣静心"。此时的温壶烫盏是为了提高壶、盅、杯的温度，因为冲泡乌龙茶要求水温达到95℃以上
第四道，投茶 乌龙入宫	用茶匙将茶荷中的茶叶投入壶中	拨茶入壶，被称为"乌龙入宫"。乌龙茶的冲泡具有用茶量大的特点，一般根据茶叶的紧结程度，投入量为壶容积的 1/3～2/3
第五道，润茶 芳草回春	将开水注入壶中，直至水漫过壶口为止	浸泡茶叶时，茶叶得水而净，遇水而舒展，焕发生气，如沐春风，故将其称为"芳草回春"
第六道，倒汤 乌龙入海	将壶中的头泡茶水倒入水盂	头泡茶水只有茶的汤色而无茶的香气，不宜敬上，倒掉为宜，直接注入水盂，从壶口流向水盂，好像蛟龙入海，所以称为"乌龙入海"；同时也起到洗茶的作用
第七道，冲水 悬壶高冲	提起水壶，先低后高冲入，使茶叶随着水流旋转而充分舒展	悬壶高冲的手法是为了激发茶性，更好地泡出茶的色、香、味；同时高冲可以将茶的残渣及泡沫冲出
第八道，刮沫 春风拂面	用壶盖轻轻在壶口上绕一圈，将壶面上的泡沫刮起	用壶盖轻轻刮去壶口的泡沫及残渣，称为"春风拂面"
第九道，淋壶 重洗仙颜	提起水壶，浇淋茶壶外部，将泡沫和残渣冲掉	淋壶的作用：一是清洁壶身，二是再次让壶身提高温度，使壶的内外温度一致，利于茶香散发，这个步骤在茶艺中称为"重洗仙颜"
第十道，倒茶 中和佳茗	将壶中的茶倒入公道杯中	因为先倒出的茶汤比后倒出的淡，所以用茶盅来中和茶汤。这样几位客人品尝到的茶汤都是相同的，这也体现了在茶面前人人平等的茶精神；这个步骤在茶艺中称为"中和佳茗"
第十一道，分茶 祥龙行雨	将公道杯中的茶汤循环注入闻香杯	这个步骤在茶艺中称为"共享春阳"或"祥龙行雨"；斟茶只斟七分满，寓意"七分茶，三分情"；同时也便于握杯
第十二道，扣杯 龙凤呈祥	将品茗杯扣在闻香杯上	品茗杯为龙，闻香杯为凤，双杯相扣，即"龙凤呈祥"
第十三道，翻转 鲤鱼翻身	将对扣的两个杯子翻过来	把扣好的品、闻杯一并翻转过来，称之为"鲤鱼翻身"。中国古代神话传说"鲤鱼翻身"跃进龙门可化龙升天而去。我们借助这手法祝福在座的各位家庭和睦、事业发达
第十四道，敬茶 众手传盅	将相扣的茶杯放在杯托上，双手端起，彬彬有礼地向客人敬奉香茗	这个步骤在茶艺中称为"众手传盅"。(此时，将龙凤杯双手奉给各位宾客，要求杯子正对客人，并从右到左依次奉上，表示对客人的尊敬)

续表

步骤	操作内容	茶艺解说（示例）
第十五道，闻香乌龙吐香	双手轻揉杯身，闻取茶香	冻顶乌龙的香气口感回甘，乳香交融；轻揉杯身，闻取茶香的步骤在茶艺表演中称为"乌龙吐香"。首先闻它的热香，待热气散之后，再闻它的冷香，冷香更悠长、甜爽；台湾冻顶汤色黄绿，晶莹透明
第十六道，观色鉴赏汤色	拿起茶杯，观赏茶汤颜色	看杯中的汤色清亮、艳丽，这正是优质乌龙所具有的汤色
第十七道，品茶初品奇茗	请客人以"三龙护鼎"的手法托起品茗杯，分三口饮尽杯中茶水	"初品奇茗"是三品中的头一品，首先是先让我们看一下这泡茶的水的水平。看是老水或毛青。那品字分为三个口，所以一杯茶分三口来品，品茶时将茶含在口中，吸气并发出声音。品茶时不要认为吸气并发生声音是不文雅的。在我们茶人眼里，品茶时因吸气发出声音是对茶的一种赞赏。茶汤和味蕾的接触有助于更好地品出茶的真味
第十八道，谢茶七泡余香	请客人自斟自酌	乌龙茶素有"七泡有余香"的美称，能使饮者在齿颊留香中感受心灵的芬芳

知识链接

一、乌龙茶茶具的配置

乌龙茶茶具一般选择紫砂壶或白瓷壶、盖碗、盖杯，也可用黑褐系列的陶器壶具。

紫砂壶是冲泡乌龙茶最好的茶具。用紫砂壶冲泡，既无熟汤味又能保持茶的真香、真味。但紫砂壶色泽多数较深暗，对茶叶汤色均不能起衬托作用，因此一般选用内挂白釉的茶杯，以便观色。

二、泡茶的水温

乌龙茶由于原料并不细嫩，加之用茶量大，所以须用刚沸腾的开水冲泡。冲泡乌龙茶须用紫砂壶、用沸水冲泡，乌龙茶的茶性才能得到极大的发挥。如果用玻璃杯、盖碗或者水温过低，乌龙茶则会"真味难出，如饮沟渠之水"。

三、冲泡的次数

乌龙茶可连续冲泡 4~6 次，甚至更多。

四、茶水比例

乌龙茶投茶量大致是茶壶容积的 1/3~2/3。此外，用 1:18~1:20 的茶水比，冲泡铁观音等乌龙茶。

五、冲泡时间

乌龙茶由于投入量大，因此第一泡1分钟就可以将茶汤倾入杯中。以后，每泡相应比前一泡增加15秒钟。

六、乌龙茶的冲泡

（一）乌龙茶的冲泡方法

因地区和茶具的不同，乌龙茶的冲泡方法也不尽相同，大致分为壶盅双杯泡法、壶盅单杯泡法、壶杯泡法、盖碗泡法四种。

1. 壶盅双杯泡法

壶盅双杯泡法需要紫砂壶、茶盅（茶海）、闻香杯、品茗杯。此泡法在台湾地区比较流行。此法具有一定的观赏性，目前茶艺馆多有采用。

2. 壶盅单杯泡法

壶盅单杯泡法，即只有紫砂壶、茶盅（茶海）、品茗杯，没有闻茶杯。

3. 壶杯泡法

壶杯泡法只需要茶壶和品茗杯，没有茶盅和闻香杯，分茶是需要采用"关公巡城""韩信点兵"的方法。

4. 盖碗泡法

盖碗泡法即采用盖碗泡茶。此法又分为有盅和无盅两种。有盅的泡茶用具包括盖碗、茶盅（茶海）、品茗杯；无盅的泡茶用具包括盖碗、品茗杯，而无茶盅。

（二）乌龙茶冲泡的流派

目前，乌龙茶的冲泡按地区民俗可分为：潮汕、台湾、闽南和武夷山四大流派。四大流派一脉相承，具有许多相同之处。但台式工夫茶与其他流派相比，有两点突出的不同：

第一，为了使各杯茶浓度一致，潮汕工夫茶和闽式工夫茶是经过冲点后，通过循环往复和最终滴沥的方法，将壶中的茶汤一一倾入各个茶杯。这种方法，前者俗称"关公巡城"，后者俗称"韩信点兵"。而台式工夫茶则是将冲点后的茶汤先倾入公道杯，使前后混合均匀，再倾入各个茶杯。

第二，潮汕工夫茶和闽式工夫茶的闻香是与品尝同时实现的。而台式工夫茶是先将公道杯中的茶汤一一倾入闻香杯，再将其倒至品茗杯，然后提起闻香杯闻香。

七、茶汤的品饮

乌龙茶的品饮，重在闻香和尝味，不重品形。在实践过程中，又有闻香重于品味（如台湾），或品味重于闻香（如广东、福建）之别。

潮汕地区强调热品，即洒茶入杯，以"三龙护鼎"的手法握杯，慢慢由远及近，先观其色，使杯沿接唇、杯面迎鼻，再闻其香，而后将茶汤含在口中回旋，徐徐品饮其味，通常三小口见杯底，"三口方知其味，三番才能动心"，饮毕，再嗅留存于杯中的余香。

台湾地区采用的是温品，更侧重于闻香。品饮时先将壶中茶汤趁热倒入公道杯后注入闻香杯，再一一倾入品茗杯，而闻香杯内壁存留的茶香，正是乌龙茶的精髓所在。

（一）观色

乌龙茶的汤色有金黄、橙黄、橙红、橙绿之分。

乌龙茶属于半发酵茶，其茶汤颜色与发酵程度有关。发酵程度越轻，汤色越淡；发酵程度越高，汤色越深。

发酵轻，茶多酚类物质氧化轻，茶黄素、茶红素含量低，茶汤成黄红色。但是随着时间的延长，这种汤色由于茶多酚、茶黄素、茶红素进一步氧化会加深。

无论汤色深浅，茶汤一定不能混浊、灰暗，清澈透明才是好茶汤。

（二）闻香

乌龙茶属于花香型，散发出各种类似鲜花的香气，可分为清花香和甜花香两种。高档的乌龙茶具有浓郁的熟桃香。

高档的条索形乌龙茶要求香气高长持久，有韵味。

半颗粒和颗粒形乌龙茶，多数属轻度或中度发酵，要求香气清高，花香突出。

重发酵的乌龙茶有蜜糖香味。

（三）品味

品饮乌龙茶，讲究舌品，通常是啜入一口茶水后，用口吸气，让茶汤在舌的两端来回滚动，让舌的各个部位感受茶汤的滋味，而后徐徐咽下，慢慢体味齿颊留香的感觉。

工作任务四　白茶、黄茶茶艺赏析

白茶

任务导入

一天，天气较热，几位客人来到茶楼，茶艺师刘夏热情地接待了他们，并向他们推荐说："我们茶楼推出了适于夏天饮用的、退热祛暑的白茶，各位不妨试试。"在茶艺师的推荐下，客人点了白毫银针，并要求看一下，小刘把茶叶给客人拿了过来。这时，一位客人说："这个茶叶都长白毛了，是不是发霉了？"如果你是小刘，你该怎样向客人解释和说明？

任务分析

通过本任务的学习，掌握白茶、黄茶的基本特点。掌握白茶、黄茶冲泡的基本方法，能够进行白毫银针、君山银针的茶艺表演。

任务实施

1. 资料收集

（1）白茶、黄茶的茶艺技法。

（2）白茶、黄茶冲泡的水温、器具。

（3）白茶、黄茶冲泡的解说词。

2. 计划分工

（1）分工查询资料。

（2）分工整理资料。

（3）资料收集需要哪些方法与途径？

3. 任务实施

（1）进行资料汇总。

（2）分析资料。

（3）小组展示练习。

4. 任务检查

（1）动作流程是否完整？

（2）讲解是否正确、流畅？

综合测评

白茶　黄茶

专业：　　　　　　班级：　　　　　　学号：　　　　　　姓名：

序号	测试内容	得分标准	应得分	实得分
1	备具	物品准备齐全，摆放整齐，具有美感，便于操作	10分	
2	点香	姿态规范、优美，神情专注	10分	
3	赏茶	姿态规范、优美，神情专注	10分	
4	温杯	水速均匀，逆时针回旋	10分	
5	投茶	投茶量把握准确	10分	
6	冲水	将开水从高处注入壶中，水速控制均匀	10分	
7	奉茶	双手捧出，不碰杯口，使用礼貌用语	10分	
8	赏茶	有一定鉴赏能力，语言把握准确	10分	
9	闻香	动作准确规范	10分	
10	品茶	姿态规范、优美	10分	
		合计	100分	

（一）白毫银针茶艺表演

1. 茶具配置

茶盘一个，无花直筒玻璃杯三只，随手泡一套，茶道组一套，茶荷一只，茶巾一条，水盂一只，香炉一个，香一支，白毫银针9克。

2. 白毫银针茶艺表演步骤及内容

步骤	操作内容	茶艺解说（示例）
第一道，焚香 天香生虚空	点燃一支熏香，将香插入香炉	"天香生虚空"是唐代诗仙李白在《庐山东林寺夜怀》中的一句诗。一缕香烟，悠悠袅袅，将饮者的心带到虚无空灵、霜清水白、湛然冥真的境界
第二道，赏茶 万有一何小	请客人鉴赏干茶	"万有一何小"这是南朝诗人江总在《游摄山栖霞寺并序》中的一句诗；"三空豁已悟，万有一何小"这句诗充满了哲理禅机，所谓"三空"乃佛家所说的言空、无相、无愿之三种解脱；修习茶道也正是要悟出三空；有了这种境界，那么世界的万事万物都可纳入须弥芥子之中。反过来，一花一世界，一沙一乾坤，从小中又可以见大，以这种心境来鉴茶，看的不是茶的色、香、味、形，而是探求茶中包含的大自然无限的信息
第三道，温杯 空山新雨后	将干净的玻璃杯再烫洗一次	这道程序依旧是小中见大；杯如空山，水如新雨，意味深远
第四道，投茶 花落知多少	用茶匙将茶叶投入玻璃杯中，每杯约3克	茶叶如花飘然而下，故曰"花落知多少"
第五道，冲水 泉声满空谷	悬壶高冲	"泉声满空谷"是宋代文学家欧阳修《蛤蟆碚》中的一句诗，在此借用以形容冲水时甘泉飞注，水声悦耳
第六道，赏茶 池塘生春草	请客人欣赏在热水浸泡下的茶姿、茶舞	"池塘生春草"是南朝诗人谢灵运在其代表作《登池上楼》中的名句；这句诗语出自然，不加雕饰，看似脱口而出，却生机盎然，恰可借以形容白毫银针在玻璃杯中的趣景：开始白毫银针的茶芽浮于水面，在热水的浸润下，逐渐舒展开来，吸收了水分后沉入杯底，茶芽条条挺立，一颗颗嫩芽娇绿可爱，在碧波中晃动如迎风曼舞，又像是要冲出水面去迎接阳光，这种趣景恰似"池塘生春草"，使人观之，尘俗尽去
第七道，闻香 谁解助茶香	请客人嗅闻茶香	"谁解助茶香"是唐代著名诗僧皎然在《九日与陆处士羽饮茶》中的一句话。一千多年来，万千茶人都爱闻茶香，但又有几人能说得清、解得透茶那隽永、神秘的生命之香——大自然之香呢？
第八道，品茶 努力自研考	请客人品尝茶汤的滋味	"努力自研考"是唐代诗人王梵志在《若欲觅佛道》一诗中的结束语。品茶在于探求茶道的奥秘，在于品味人生，契悟自然，这正像王梵志欲觅佛道一样，应当"明识生死因，努力自研考"

（二）君山银针茶艺表演

1. 茶具配置

茶盘一个，无花直筒玻璃杯三只，随手泡一套，茶道组一套，茶荷一只，茶巾一条，水盂一只，君山银针9克。

2. 君山银针茶艺表演步骤及内容

步骤	操作内容	茶艺解说（示例）
第一道，备具——列队迎宾	整理茶盘，摆放茶具，介绍茶具	冲泡君山银针时，我们选用透明洁净的玻璃杯，不仅可以观赏到汤色，更可以欣赏君山银针所独有的"三起三落"之奇观
第二道，洗杯——芙蓉出水	将干净的玻璃杯再烫洗一遍	茶，至清至洁，是天涵地育的灵物。泡茶要求所用器皿也必须至清至洁。冲泡前为了提高杯温和清洁茶具，需用热水烫杯
第三道，赏茶——银针出山	请客人鉴赏君山银针干茶	君山银针采用茶树单个嫩芽，经过10道工序历时4天时间制作而成，外形匀直整齐，白毫披身，芽身金黄，素有"金镶玉"之美称
第四道，投茶——金玉满堂	用茶匙将茶叶投入玻璃杯中，每杯约3克	将君山银针投入每个水晶玻璃杯中，金黄闪亮的茶芽徐徐降落杯底，形成一道美丽的景观，恰似洞庭湖中君山小岛的72座山峰，也寓意着各位茶友家庭幸福、生活甜美、金玉满堂
第五道，润茶——湘妃洒泪	向杯中高冲入热水约1/3杯，润茶	好的白茶外观如莲心，在开泡前往茶杯中注入少许热水可以起到润茶的作用。轻摇茶杯，竖立于水面的茶芽有如湖风吹拂下的君山竹苑。伴着优雅的音乐，似清风拂面，更似当年两位爱妃对爱情的忠贞不渝而落泪斑竹的轻声哭泣，即使是几千年的风霜也历历在目，这便是湘妃竹的由来
第六道，冲水——气蒸云梦	向杯中以三高三低的方式冲水至七分满	"八月湖水平，涵虚混太清，气蒸云梦泽，波撼岳阳城。"我们借助唐代孟浩然这首诗来描述冲水，采用凤凰三点头的方式将水冲至七分满。请看玻璃杯上方的浓浓热气，像不像气蒸云梦？而杯中翻腾的沸水恰似洞庭湖水，惊涛拍岸，正是烟波震撼岳阳城
第七道，奉茶——敬奉佳茗	向客人奉上冲泡好的茶	茶道即人道。观银针时上时下，品银针先苦后甜，倍感屈子情怀之难能，感叹范公境界之可贵，真可谓上下求索得福地，苦忧后乐有洞天
第八道，赏茶——春笋出土	请客人欣赏在热水的浸泡下，君山银针的茶姿、茶舞	银针茶静卧于水面，又如宁静湖面上的小舟。稍过片刻茶芽吸水后慢慢竖立，呈现悬垂状态，茶芽竖立杯底，如雨后春笋

续表

步骤	操作内容	茶艺解说（示例）
第九道，品茶——三啜甘露	请客人品尝茶汤的滋味	口品茶之甘甜，回味茶汤"先苦后甜"的滋味，回想茶芽"三起三落"的现象，回韵景观"上下浮动"的奥理，领悟屈原"上下求索"的精神
第十道，谢茶——尽杯谢茶	请客人自斟自酌	"品罢寸心逐白云"，这是精神上的升华，是茶人的追求

知识链接

一、白茶、黄茶的茶具配置

白茶以有毫香而闻名，冲泡白茶宜用白瓷壶杯或内壁挂白釉的茶壶或黄泥炻器壶杯或反差极大且内壁有色的黑瓷，以衬托出白毫。

黄茶宜用奶白或黄釉瓷及黄、橙为主色的壶具、盖碗、盖杯。

高档的白茶与黄茶，其茶性与绿茶相近，重在观赏。因此，一般也采用无花直筒玻璃杯冲泡，便于欣赏杯中茶的形和色，以及茶的变幻。

二、泡茶的水温

细嫩的白和黄茶，一般只能用80°C左右的水冲泡。

三、冲泡的次数

白茶和黄茶一般只能冲泡一次，最多两次。白毫银针、君山银针一般只能冲泡一次，第二次就没有什么味道了。

四、茶水比例

一般用1:50~1:60的茶水比，即每克茶冲泡50~60毫升水。

五、冲泡时间

黄大茶、黄小茶一般冲泡3分钟左右，即可饮用。白茶、黄茶中的黄芽茶由于制作时未经揉捻，茶叶表皮细胞未被破坏，茶叶中的有效成分不易浸出，因此冲泡时间一般需要10分钟左右。

六、白茶、黄茶的冲泡

高档的白茶和黄茶，其冲泡方法与名优绿茶的冲泡方法一样，采用玻璃杯泡法。

中低档的白茶和黄茶，其冲泡方法与中低档的绿茶一样，采用盖碗泡法或壶泡法。

七、茶汤的品饮

高级的白茶和黄茶具有极高的欣赏价值，因此是以观赏为主的一种茶品，其品饮方法带有一定的特殊性。

（一）观形

1. 辨形

白茶以叶底灰绿、肥嫩、匀整为佳，暗杂、花红、黄张等为次。

黄茶以叶底芽叶肥壮、匀整、黄色鲜亮为佳，芽叶瘦薄黄暗为次。

君山银针和白毫银针在开汤后，茶芽经吸水浸润而舒展，芽尖向上，竖立于水中，慢慢下沉至杯底，条条挺立，上下交错，茶芽在杯中上下浮动、左右晃动，望之如石钟乳般。

2. 观汤色

白茶属轻度发酵茶，其汤色黄白而明亮，汤色杏黄、淡黄、清澈明亮者为佳，红暗、混浊者为次。

黄茶以黄为特色，茶汤色泽呈黄色，叶底黄色，具有"黄汤黄叶"的特点。黄茶茶汤的"黄"是比较"正"的黄色，没有其他诸如黄绿、橙黄等色泽。黄茶的汤色以汤黄明亮为佳，黄暗或黄浊为次。

（二）闻香

白茶的香气以毫香清鲜、高长为佳。

黄茶的香气以清悦为佳，有闷浊气为次。

（三）品味

白茶滋味以鲜爽、醇厚回甘者为上，粗涩淡薄者为下。

黄茶滋味以醇和鲜爽、回甘、收敛性弱为上，苦、涩、淡、闷为下。

工作任务五　黑茶茶艺赏析

普洱

任务导入

一天，刘夏的同学打来电话说："最近普洱茶炒得很火，有些普洱茶饼都炒到了几万元一饼，这不成了可以喝的古董了吗？这么贵的茶冲泡起来有什么讲究呀？"如果你是刘夏，你会怎么回答呢？

任务分析

通过本任务的学习，掌握黑茶的基本特点，掌握普洱紧压茶冲泡的基本方法。

任务实施

1. 资料收集

（1）黑茶的茶艺技法。

（2）黑茶冲泡的水温、器具。

（3）黑茶冲泡的解说词。

2. 计划分工

（1）分工查询资料。

（2）分工整理资料。

（3）资料收集需要哪些方法与途径？

3. 任务实施

（1）进行资料汇总。

（2）分析资料。

（3）小组展示练习。

4. 任务检查

（1）动作流程是否完整？

（2）讲解是否正确、流畅？

综合测评

普洱黑茶

专业：　　　　　　班级：　　　　　　学号：　　　　　　姓名：

序号	测试内容	得分标准	应得分	实得分
1	备具	物品准备齐全，摆放整齐，具有美感，便于操作	10分	
2	赏茶	姿态规范、优美，神情专注	10分	
3	温壶	水速均匀，逆时针回旋	10分	
4	投茶	投茶量把握准确	10分	
5	醒茶	注水速度均匀，快速出汤	10分	
6	冲水	将开水从高处注入壶中，水速控制均匀	10分	
7	洗壶	刮去茶沫，姿态规范	10分	
8	出汤	均匀茶汤，倒入公道杯	10分	
9	奉茶	双手捧出，不碰杯口，使用礼貌用语	10分	
10	品茶	有一定鉴赏能力，语言把握准确，姿态规范、优美	10分	
		合计	100分	

普洱茶茶艺表演

1. 茶具配置

茶盘一个，紫砂壶一个，玻璃盅一个，滤网一个，白瓷杯（或玻璃品杯）三个，茶道组一套，随手泡一套，茶巾一条，茶荷一个，水盂一只，普洱茶一饼。

2. 普洱紧压茶茶艺表演步骤及内容

操作步骤	操作内容	茶艺解说（示例）
第一道，备具 静心凝神	准备好泡茶器具	茶人们要求泡茶前都需心静。请在座的各位嘉宾同我一起屏气静心，以求达到一种人茶合一的境界
第二道，赏茶 嘉木清影	用茶刀在普洱茶上轻轻取下所需冲泡的茶，一般为5~8克，请客人赏茶的品质	普洱茶自古便盛产于云南，以其产地及集散地而命名。其外形古朴圆润色泽深褐且形状各异，分砖、沱、饼、散四大类。普洱茶属于后发酵茶，在存放方法得当的条件下，时间越久，氧化程度越完整，茶汤滋味越浓醇，所以有普洱茶"越陈越香"的说法
第三道，温杯 淋壶湿杯	用开水洗烫茶壶、茶杯	茶自古便被视为一种灵物，因此茶人们要求泡茶时所使用的器具必须是冰清玉洁、一尘不染；同时还可增加壶内外的温度，增添茶香、蕴蓄茶味
第四道，投茶 古木流芳	用茶匙将茶叶拨入壶中	这一操作步骤在普洱茶茶艺中被称为"古木流芳"
第五道，醒茶 玉泉高致	将100℃的沸水注入壶中，然后迅速将水倾倒入公道杯中	这一操作步骤在普洱茶茶艺中叫"醒茶"。陈年普洱需要2~3次的醒茶过程，而一般散茶则需要两泡，新茶一泡就可以了，其目的是让茶整个浸润，茶质恰到好处地释放，以便品尝到真香、真味
第六道，冲水 水抱静山	用高冲的手法将沸水注入壶中	用高冲的手法是为了激发茶性，更好地泡出茶的色、香、味；同时高冲可以将茶的残渣及泡沫冲出
第七道，淋壶 春风拂面	用壶盖抹去壶口的茶末，盖上壶盖；提开水壶，浇淋茶壶外部，将泡沫和残渣冲掉	用壶盖轻轻刮去壶口的泡沫及残渣，称为"春风拂面"
第八道，出汤 彩云南现	将茶汤倒入公道杯中	"彩云南现"是云南名称的由来。传说汉朝时随着张骞出使西域，对"西南夷"地区的了解日见加深。汉武帝以梦中"彩云南现"预示开拓"西南夷"的天降祥瑞，积极准备出兵"西南夷"地区。后设置了云南县。普洱茶冲泡后汤色唯美，似醇酒，红油透亮，令人赏心悦目，浮想联翩
第九道，分茶 平分秋色	将公道杯中的茶汤逐一倾入每一茶杯中	俗语说：酒满敬人，茶满欺人。分茶以七分为满，留有三分茶情

续表

操作步骤	操作内容	茶艺解说（示例）
第十道，奉茶 举案齐眉	双手将茶捧给客人	嘉宾们在接到茶杯后，且莫急于品尝，可将茶杯置于桌面上，10秒钟后静观汤色变化，会发现普洱茶汤红浓透亮，油光显现。茶汤表面似有若无地盘旋着一层白色雾气，我们称之为"陈香雾"。只有上等的年代久远的普洱茶才具有如此神秘莫测的现象，并且时间存放越久，陈香雾会越明显
第十一道，品茶 初品奇葩	请客人欣赏普洱茶的汤色、叶底，并加以品味	一杯好的普洱茶，要观其汤色的明亮度和色泽变化
第十二道，谢茶 领悟神韵	请客人自斟自酌	一杯普洱，千古滋味；让我们穿越暗红而深邃的茶汤，在千回百转中，啜出茶马古道马蹄声声

知识链接

一、黑茶茶具的配置

黑茶使用紫砂壶或白瓷壶、盖碗、盖杯，也可用民间土陶工艺制作杯具。

紫砂壶泡茶不走味，能较好地保存黑茶的香气和陈味，其良好的透气性和吸附作用有利于提高普洱茶的醇度，提高茶汤的亮度。茶壶的容积要相对宽松，便于茶叶条索的舒展和滋味的浸出。

盖碗不吸味、散热快，能泡出黑茶的真实口感，同时又便于观形和观汤色，非常适合冲泡苦味较重的新制生茶和用料细腻的宫廷普洱茶。

土陶工艺杯具所特有的古典粗犷美更符合黑茶浓厚的陈韵。

一般来说，普洱散茶宜选用盖碗泡法，普洱紧压茶宜选用壶泡法。

二、泡茶的水温

冲泡黑茶的水温要因茶而异。一般来说，用料较粗的饼茶、砖茶和存放时间长的陈茶等适宜用沸水来冲泡；而用料较为细腻的高档芽茶（如新制的宫廷普洱茶），应适当降低水温，以85~90℃为宜。

三、冲泡的次数

黑散茶一般可冲泡5~6次，紧压茶一般可冲泡7~8次。若是久陈的普洱茶，至第十泡以后，茶汤还甘滑回甜，汤色仍然红艳。如果普洱紧压茶采用煮渍法，则只煮一次。

四、茶水比例

品饮普洱茶，茶水比一般为1:30~1:40，即5~10克茶冲泡150~200毫升水。

用1:80的茶水比，以煮渍法冲泡金尖、康砖、茯砖和方苞等原料粗老的紧压茶。

五、冲泡时间

一般来说，陈茶、粗茶浸泡的时间需要长一些，新茶、细腻的茶浸泡的时间就要短一些；紧压茶的浸泡时间要长，散茶的浸泡时间要短。冲泡普洱茶一般第一泡 1 分钟，第二泡 2 分钟，第三泡后，每次冲泡 3 分钟，可冲泡多次。

六、黑茶的冲泡

（一）定点冲泡法

依据普洱茶的品质和耐泡特性，普洱茶可采用定点冲泡法。

所谓定点冲泡法，即用盖碗冲泡，用紫砂壶作公道杯。因用盖碗能产生高温宽壶的效果，普洱茶为陈茶，在盖碗内，经滚沸的开水高温消毒、洗茶，将普洱茶表层的不洁物和异味洗去，就能充分释放出普洱茶的真味。而用紫砂壶作公道杯，可去异味，聚香含韵，使韵味不散，得其真香、真味。

（二）壶泡法

普洱紧压茶在外形上观赏性不够，重要的是品味其醇厚的茶香、香味，因此适合壶泡法。其琥珀色的茶汤是品评的重要内容之一。所以，一般宜用透明或白色或内挂白釉的茶杯品饮，以便观色。

（三）煮饮法

对于储存年限较长（如 60 年以上）的普洱茶，宜用煮饮法，这样更能将醇厚的陈香、陈韵发挥出来。煮饮法就是将茶叶放入煮茶用的茶壶中，冲入 100℃的开水，放在火上烧煮，茶汤颜色逐渐加深，一般呈枣红色，随后可将煮好的茶汤倒入杯中饮用。

七、茶汤的品饮

黑茶的品饮重在寻香探色。为了更好地观赏茶汤，一般选用白瓷或透明玻璃杯。品饮的方法是先观汤色，而后闻香，最后品尝。

（一）观汤色

黑茶因发酵程度轻重及时间长短的不同而呈现不同的汤色，或橙黄，或棕红，或褐色，或琥珀色，通透明亮。

（二）闻香

黑茶香气中松烟香浓厚为佳。陈年的普洱，应在品饮过程中体味经长期储存而形成的"陈香"。

（三）品味

黑茶滋味醇厚回甘，茶汤柔滑，具有独特的陈香味。陈年普洱内香潜发，味醇甘滑。

附录一

茶艺师国家职业资格标准

1. 职业概况

1.1 职业名称
茶艺师。

1.2 职业定义
在茶艺馆、茶室、宾馆等场所专职从事茶饮艺术服务的人员。

1.3 职业等级
本职业共设五个等级，分别为：初级茶艺师（国家职业资格五级）、中级茶艺师（国家职业资格四级）、高级茶艺师（国家职业资格三级）、茶艺技师（国家职业资格二级）、高级茶艺技师（国家职业资格一级）。

1.4 职业环境
室内、常温。

1.5 职业能力特征
具有较强的语言表达能力，一定的人际交往能力、形体知觉能力，较敏锐的嗅觉、色觉和味觉，有一定的美学鉴赏能力。

1.6 基本文化程度
初中毕业。

1.7 培训要求

1.7.1 培训期限
全日制职业学校教育，根据其培养目标和教学计划确定。晋级培训期限：初级茶艺师不少于160标准学时；中级茶艺师不少于140标准学时；高级茶艺师不少于120标准学时；茶艺技师、高级茶艺技师不少于100标准学时。

1.7.2 培训教师
各等级的培训教师应具备茶艺专业知识和相应的教学经验。培训初级、中级的教师应取得本职业高级以上职业资格证书；培训高级茶艺师的教师应取得本职业技师以上职业资格证书或具有相关专业中级以上专业技术职务任职资格；培训技师的教师应具有本职业高级技师职业资格证书或相关专业高级专业技术职务任职资格；培训高级技师的教师应具有本职业高级技师职业资格证书2年以上或相关专业高级专业技术职务任职资格。

1.7.3　培训场地设备

满足教学需要的标准教室及实际操作的品茗室。教学培训场地应分别配有讲台、品茗台及必要的教学设备和品茗设备；有实际操作训练所需的茶叶、茶具、装饰品，采光及通风条件良好。

1.8　鉴定要求

1.8.1　适用对象

从事或准备从事本职业的人员。

1.8.2　申报条件

初级茶艺师（具备以下条件之一者）：

（1）经本职业初级正规培训达规定标准学时数，并取得毕（结）业证书。

（2）在本职业连续见习工作2年以上。

中级茶艺师（具备以下条件之一者）：

（1）取得本职业初级职业资格证书后，连续从事本职业工作3年以上，经本职业中级正规培训达规定标准学时数，并取得毕（结）业证书。

（2）取得本职业初级职业资格证书后，连续从事本职业工作5年以上。

（3）取得经劳动保障行政部门审核认定的，以中级技能为培训目标的中等以上职业学校本职业（专业）毕业证书。

高级茶艺师（具备以下条件之一者）：

（1）取得本职业中级职业资格证书后，连续从事本职业工作3年以上，经本职业高级正规培训达规定标准学时数，并取得毕（结）业证书。

（2）取得本职业中级职业资格证书后，连续从事本职业工作7年以上。

（3）取得高级技工学校或经劳动保障行政部门审核认定的，以高级技能为培训目标的高等职业学校本职业（专业）毕业证书。

（4）取得本职业中级职业资格证书的大专以上本专业或相关专业毕业生，连续从事本职业工作2年以上。

1.8.3　鉴定方式

分为理论知识考试和技能操作考核。理论知识考试采用闭卷笔试方式；技能操作考核采用实际操作、现场问答等方式，由2～3名考评员组成考评小组，考评员按照技能考核规定分别打分，取平均分为考核得分。理论知识考试和技能操作考核均实行百分制，成绩皆达60分以上者为合格。技师和高级技师鉴定还需进行综合评审。

1.8.4　考评人员与考生配备比例

理论知识考试考评人员与考生比例为1∶15，每个标准教室不少于2人；技能操作考核考评员与考生比例为1∶3，且不少于3名考评员。

1.8.5 鉴定时间

各等级理论知识考试时间不超过 120 分钟。初、中、高级技能操作考核时间不超过 50 分钟，技师、高级技师技能操作考核时间不超过 120 分钟。

1.8.6 鉴定场所设备

理论知识考试在标准教室进行。技能操作考核在品茗室进行。品茗室设备及用具应包括：

（1）品茗台；
（2）泡茶、饮茶主要用具；
（3）辅助用品；
（4）备水器；
（5）备茶器；
（6）盛运器；
（7）泡茶馆；
（8）茶室用品；
（9）泡茶用水；
（10）冲泡用茶及相关用品；
（11）茶艺师用品。

鉴定场所设备可根据不同等级的考核需要增减。

2. 基本要求

2.1 职业道德

2.1.1 职业道德基本知识

2.1.2 职业守则

（1）热爱专业，忠于职守；
（2）遵纪守法，文明经营；
（3）礼貌待客，热情服务；
（4）真诚守信，一丝不苟；
（5）钻研业务，精益求精。

2.2 基础知识

2.2.1 茶文化基本知识

（1）用茶的起源；
（2）饮茶方法的演变；
（3）茶文化的精神；
（4）中外饮茶风俗。

2.2.2 茶叶知识

（1）茶树基本知识；
（2）茶叶种类；

（3）名茶及其产地；

（4）茶叶品质鉴别知识；

（5）茶叶保管方法。

2.2.3　茶具知识

（1）茶具种类及产地；

（2）瓷器茶具；

（3）紫砂茶具；

（4）其他茶具。

2.2.4　品茗用水知识

（1）品茶与用水的关系；

（2）品茗用水的分类；

（3）品茗用水的选择。

2.2.5　茶艺基本知识

（1）品饮要义；

（2）冲泡技巧；

（3）茶点选配。

2.2.6　科学饮茶

（1）茶叶主要成分；

（2）科学饮茶常识。

2.2.7　食品与茶叶营养卫生

（1）食品与茶叶卫生基础知识；

（2）饮食业食品卫生制度。

2.2.8　法律法规知识

（1）《中华人民共和国劳动法》常识；

（2）《中华人民共和国食品卫生法》常识；

（3）《中华人民共和国消费者权益保护法》常识；

（4）《公共场所卫生管理条例》常识；

（5）劳动安全基本知识。

3. 工作要求

本标准对初级茶艺师、中级茶艺师、高级茶艺师的技能要求依次递进，高级别包括低级别的要求。

3.1 初级茶艺师

职业功能及工作内容		技能要求	相关知识
一、接待	（一）礼仪	1. 能做到个人仪容仪表整洁大方。 2. 能够正确使用礼貌服务用语	1. 仪容、仪表、仪态常识。 2. 语言应用基本常识
	（二）接待	1. 能够做好营业环境准备。 2. 能够做好营业用具准备。 3. 能够做好茶艺人员准备。 4. 能够主动、热情地接待客人	1. 环境美常识。 2. 营业用具准备的注意事项。 3. 茶艺人员准备的基本要求。 4. 接待程序基本常识
二、准备与演示	（一）茶艺准备	1. 能够识别主要茶叶品类并根据泡茶要求准备茶叶品种。 2. 能够完成泡茶用具的准备。 3. 能够完成泡茶用水的准备。 4. 能够完成冲泡用茶相关用品的准备	1. 茶叶分类、品种、名称知识。 2. 茶具的种类和特征。 3. 泡茶用水的知识。 4. 茶叶、茶具和水质鉴定知识
	（二）茶艺演示	1. 能够在茶叶冲泡时选择合适的水质、水量、水温和冲泡器具。 2. 能够正确演示绿茶、红茶、乌龙茶、白茶、黑茶和花茶的冲泡。 3. 能够正确解说上述茶艺的每一步骤。 4. 能够介绍茶汤的品饮方法	1. 茶艺器具应用知识。 2. 不同茶艺演示要求及注意事项
三、服务与销售	（一）茶事服务	1. 能够根据顾客状况和季节不同推荐相应的茶饮。 2. 能够适时介绍茶的典故，激发顾客品茗的兴趣	1. 人际交流基本技巧。 2. 有关茶的典故
	（二）销售	1. 能够揣摩顾客心理，适时推介茶叶与茶具。 2. 能够正确使用茶单。 3. 能够熟练完成茶叶茶具的包装。 4. 能够完成茶艺馆的结账工作。 5. 能够指导顾客进行茶叶储藏和保管。 6. 能够指导顾客进行茶具的养护	1. 茶叶茶具包装知识。 2. 结账基本程序知识。 3. 茶具养护知识

3.2 中级茶艺师

职业功能及工作内容		技能要求	相关知识
一、接待	（一）礼仪	1. 能保持良好的仪容仪表。 2. 能有效地与顾客沟通	1. 仪容仪表知识。 2. 服务礼仪中的语言表达艺术。 3. 服务礼仪中的接待艺术
	（二）接待	能够根据顾客特点，进行针对性的接待服务	1. 环境美知识。 2. 顾客心理学知识
二、准备与演示	（一）茶艺准备	1. 能够识别主要茶叶品级。 2. 能够识别常用茶具的质量。 3. 能够正确配置茶艺茶具和布置表演台	1. 茶叶质量分级知识。 2. 茶具质量知识。 3. 茶艺茶具配备基本知识
	（二）茶艺演示	1. 能够按照不同茶艺要求，选择和配置相应的音乐、服饰、插花、挂画。 2. 能够担任三种以上茶艺表演的主泡	1. 茶艺表演场所布置知识。 2. 茶艺表演基本知识
三、服务与销售	（一）茶事服务	1. 能够介绍清饮法和调饮法的不同特点。 2. 能够向顾客介绍各地的名茶、名泉。 3. 能够解答顾客有关茶艺的问题	1. 艺术品茗知识。 2. 茶的清饮法和调饮法
	（二）销售	能够根据茶叶、茶具的销售情况提出货品调配建议	货品调配知识

3.3 高级茶艺师

职业功能及工作内容		技能要求	相关知识
一、接待	（一）礼仪	能保持形象自然、得体、高雅，并能正确运用国际礼仪	1. 人体美学基本知识及交际原则； 2. 外宾接待注意事项； 3. 茶艺专用外语基本知识
	（二）接待	能够运用外语说出主要茶叶、茶具品种的名称，并能用外语对外宾进行简单的问候	各种基本语言知识
二、准备与演示	（一）茶艺准备	1. 能够介绍主要名优茶产地及品质特征。 2. 能够介绍主要瓷器茶具的款式及特点。 3. 能够介绍紫砂壶主要制作名家及其特色。 4. 能够正确选用少数民族茶饮的器具、服饰。 5. 能够准备调饮茶的器具	1. 茶叶品质知识。 2. 茶叶产地知识
	（二）茶艺演示	1. 能够掌握各地风味茶饮和少数民族茶饮的操作（3种以上）。 2. 能够独立组织茶艺表演并介绍其文化内涵。 3. 能够配制饮茶（3种以上）	1. 茶艺表演美学特征知识。 2. 地方风味茶饮和少数民族茶饮基本知识
三、服务与销售	（一）茶事服务	1. 能够掌握茶艺消费者需求特点，适时营造和谐的经营气氛。 2. 能够掌握茶艺消费者的消费心理，正确引导顾客消费。 3. 能够介绍茶文化旅游事项	1. 顾客消费心理学基本知识。 2. 茶文化旅游基本知识
	（二）销售	1. 能够根据季节变化、节假日等特点，制订茶艺馆消费品调配计划。 2. 能够按照茶艺馆要求，参与或初步设计茶事展销活动	茶事展示活动常识

附录二

茶艺师考试复习题

一、**单项选择题**（第1题~第282题，选择一个正确的答案，并将相应的字母填入题内的括号中。每题1分。）

1. 职业道德是人们在职业工作和劳动中应遵循的与（　　）紧密联系的道德原则和规范的总和。
   A. 法律法规　　　　　　　　　　B. 文化修养
   C. 职业活动　　　　　　　　　　D. 政策规定

2. 遵守职业道德的必要性和作用，体现在（　　）。
   A. 促进茶艺从业人员发展，与提高道德修养无关
   B. 促进个人道德修养的提高，与促进行风建设无关
   C. 促进行业良好风尚建设，与个人修养无关
   D. 促进个人道德修养、行风建设和事业发展

3. 茶艺师职业道德的基本准则，就是指（　　）。
   A. 遵守职业道德原则，热爱茶艺工作，不断提高服务质量
   B. 精通业务，不断提高技能水平
   C. 努力钻研业务，追求经济效益第一
   D. 提高自身修养，实现自我提高

4. 茶艺服务中与品茶客人交流时要（　　）。
   A. 态度温和、说话缓慢　　　　　B. 严肃认真、有问必答
   C. 快速问答、简单明了　　　　　D. 语气平和、热情友好

5. 尽心尽职具体体现在茶艺师在茶艺服务中充分（　　），用自己最大的努力尽到自己的职业责任。
   A. 发挥主观能动性　　　　　　　B. 表现自己
   C. 表达个人愿望　　　　　　　　D. 推销产品

6. 下列选项中，不属于真诚守信的基本作用的是（　　）。
   A. 有利于企业提高竞争力　　　　B. 有利于企业树立品牌
   C. 树立企业荣誉　　　　　　　　D. 提升技术水平

7. （　　）在宋代的名称叫茗粥。
   A. 散茶　　　　　　　　　　B. 团茶
   C. 沫茶　　　　　　　　　　D. 擂茶

8. 用黄豆、芝麻、姜、盐、茶混合，直接用开水沏泡的是宋代（　　）。
   A. 葱头茶　　　　　　　　　B. 豆子茶
   C. 姜汤茶　　　　　　　　　D. 薄荷茶

9. （　　）饮用的茶叶主要是散茶。
   A. 明代　　　　　　　　　　B. 宋代
   C. 唐代　　　　　　　　　　D. 汉代

10. 世界上第一部茶书的书名是（　　）。
    A.《品茶要录》　　　　　　B.《茶具图赞》
    C.《榷茶》　　　　　　　　D.《茶经》

11. 唐代饮茶风盛行的主要原因是（　　）。
    A. 朝廷诏令　　　　　　　 B. 社会鼎盛
    C. 民间时尚　　　　　　　 D. 文化进步

12. 宋代（　　）的产地是当时的福建建安。
    A. 龙井茶　　　　　　　　 B. 武夷茶
    C. 蜡面茶　　　　　　　　 D. 北苑贡茶

13. 《大观茶论》的作者是（　　）。
    A. 蔡襄　　　　　　　　　 B. 赵佶
    C. 丁谓　　　　　　　　　 D. 陆羽

14. 点茶法是（　　）的主要饮茶方法。
    A. 汉代　　　　　　　　　 B. 唐代
    C. 宋代　　　　　　　　　 D. 元代

15. 茶文化的核心是（　　）。
    A. 茶礼精神　　　　　　　 B. 茶道精神
    C. 道家精神　　　　　　　 D. 茶人精神

16. 流行（　　）的地点是潮汕和漳泉。
    A. 红茶茶艺　　　　　　　 B. 绿茶茶艺
    C. 乌龙茶艺　　　　　　　 D. 白茶茶艺

17. 茶艺的主要内容是（　　）。
    A. 泡茶和饮茶　　　　　　 B. 表演和欣赏
    C. 评比和鉴赏　　　　　　 D. 选茶和鉴别

18. 品茗、营业、表演是（　　）的三种形态。
    A. 曲艺　　　　　　　　　 B. 戏艺
    C. 茶艺　　　　　　　　　 D. 画艺

19. 茶艺是（　　）的基础。
    A. 茶文　　　　　　　　　 B. 茶情
    C. 茶道　　　　　　　　　 D. 茶俗

20. 茶树性（　　）、湿润，在南纬 45°与北纬 38°之间都可以种植。
    A. 喜温凉   B. 喜温热
    C. 喜温暖   D. 喜凉爽

21. 茶树扦插繁殖后代的意义是能充分保持母株的（　　）。
    A. 早生早采的特性   B. 晚生迟采的特性
    C. 高产和优质的特性   D. 性状和特性

22. 茶树适宜在土质疏松、排水良好的微酸性土壤中生长，以酸碱度 pH 值在（　　）范围内为最佳。
    A. 6.5～7.5   B. 5.5～6.5
    C. 4.5～5.5   D. 3.5～4.5

23. 绿茶的发酵度为 0，故属于不发酵茶类。其茶叶颜色翠绿，茶汤（　　）。
    A. 橙黄   B. 橙红
    C. 黄绿   D. 绿黄

24. 乌龙茶属青茶类，为半发酵茶，其茶叶呈（　　）或青褐色，茶汤呈深绿或深黄色。
    A. 深绿   B. 绿
    C. 黄绿   D. 翠绿

25. 红茶、绿茶、乌龙茶香气的主要特点是红茶（　　），绿茶板栗香，乌龙茶花香。
    A. 甜香   B. 熟香
    C. 清香   D. 花香

26. 红茶的呈味物质茶褐素是使（　　），它的含量增多对品质不利。
    A. 茶汤发红，叶底暗褐   B. 茶汤红亮，叶底暗褐
    C. 茶汤发暗，叶底暗褐   D. 茶汤发红，叶底红亮

27. 乌龙茶审评的杯碗规格：杯呈倒钟形，高（　　），容量 100mL。
    A. 52mm   B. 50mm
    C. 48mm   D. 45mm

28. 茶叶的保存应注意水分的控制，当茶叶水分含量（　　）5% 时，就会加速茶叶的变质。
    A. 达到   B. 超过
    C. 没有   D. 不足

29. 茶叶的保存应注意光线照射，因为光线能促进植物色素或脂质的（　　），从而加速茶叶的变质。
    A. 分解   B. 化合
    C. 还原   D. 氧化

30. 茶叶的保存应注意氧气的控制，（　　）的氧化及茶黄素、茶红素的氧化聚合都和氧气有关。
    A. 维生素 A   B. 维生素 B
    C. 维生素 C   D. 维生素 D

31. （　　），茶和其他食物共用木制或陶制的碗，一器多用，没有专用茶具。

A. 原始社会   B. 西汉末期
C. 三国时期   D. 战国时期

32. 泥色多变，耐人寻味，壶经久用，反而光泽美观是（　　）优点之一。
    A. 金属茶具   B. 紫砂茶具
    C. 青瓷茶具   D. 漆器茶具

33. （　　）瓷器素有"薄如纸，白如玉，明如镜，声如磬"的美誉。
    A. 福建德化   B. 河北唐山
    C. 江西景德镇   D. 山东淄博

34. 现代最著名的紫砂壶大师，被尊称为"壶艺泰斗"的是（　　）。
    A. 陈鸣远   B. 顾景洲
    C. 蒋蓉   D. 时大彬

35. （　　）是用来从茶叶罐中盛取干茶的器具，也可用于欣赏干茶的外形及茶香。
    A. 茶荷   B. 茶海
    C. 茶船   D. 茶通

36. 茶海的作用是（　　）。
    A. 储放茶渣   B. 盛取干茶
    C. 放置茶杯   D. 均匀茶汤浓度

37. 当水中（　　）时，称为硬水。
    A. Cu^{2+}、Al^{3+} 的含量大于 8mg/L   B. Fe^{2+}、Fe^{3+} 的含量大于 8mg/L
    C. Zn^{2+}、Mn^{2+} 的含量大于 8mg/L   D. Ca^{2+}、Mg^{2+} 的含量大于 8mg/L

38. 冲泡普洱茶一般用（　　）以上的水冲泡。
    A. 75℃   B. 80℃
    C. 95℃   D. 125℃

39. （　　）泡茶，汤色明亮，香味俱佳。
    A. 河水   B. 雪水
    C. 湖水   D. 自来水

40. （　　）的井水，水质较差，不适宜泡茶。
    A. 大庖井   B. 照面井
    C. 灵泉井   D. 水汲井

41. 溶液的酸碱度越大，（　　）值越大。
    A. PG   B. pH
    C. PPT   D. PPM

42. 泡茶用水要求水的浑浊度不得超过（　　），不含肉眼可见悬浮微粒。
    A. 3°   B. 4°
    C. 5°   D. 6°

43. 城市茶艺馆泡茶用水可选择（　　）。
    A. 自来水   B. 纯净水
    C. 冰水   D. 河水

44. 要想品到一杯好茶，首先要将茶泡好，需要掌握的要素是：选茶、择水、备器、雅室、(   )。

  A. 冲泡和品尝   B. 观色和闻香

  C. 冲泡和奉茶   D. 品茗和奉茶

45. 判断好茶的客观标准主要是从茶叶外形的匀整、(   )、香气、净度来看。

  A. 色泽   B. 滋味

  C. 汤色   D. 叶底

46. 陆羽《茶经》指出：其水，用(   )上，江水中，井水下。

  A. 蒸馏水   B. 纯净水

  C. 山水   D. 雨水

47. 在茶艺演示冲泡茶叶的过程中，其基本程序是：备器、煮水、备茶、(   )、置茶、冲泡、奉茶、收具。

  A. 清洗茶壶（杯）   B. 温壶（杯）

  C. 候水   D. 赏茶

48. 冲泡茶的过程中，(   )动作是不规范的，不能体现出茶艺师对宾客的敬意。

  A. 双手用杯托将茶奉到宾客面前

  B. 双手用托盘将茶奉到宾客面前

  C. 双手平稳奉茶

  D. 奉茶时将茶汤溢出

49. 冲泡绿茶时，通常一支容量为100~150mL的玻璃杯，投茶量为(   )。

  A. 1~2g   B. 1~1.5g

  C. 2~3g   D. 3~4g

50. 冲泡乌龙茶时，对水温要求较高，为保证水温达到(   )，在茶具准备中必备随手泡。

  A. 95~100℃   B. 90~95℃

  C. 85~90℃   D. 80~90℃

51. 在冲泡乌龙茶时，第一泡1分钟左右将茶汤与茶分离，从第二泡起每次比前一泡多浸(   )秒。

  A. 30   B. 15

  C. 60   D. 75

52. 茶点大致可以分为干果类、(   )、糖果类、西点类、中式点心类五大类。

  A. 鲜果类   B. 咸点类

  C. 甜点类   D. 果脯类

53. 茶叶中的咖啡因不具有(   )作用。

  A. 兴奋   B. 利尿

  C. 调节体温   D. 抗衰老

54. 茶叶中的(   )是著名的抗氧化剂，具有防衰老的作用。

  A. 维生素 A   B. 维生素 B

  C. 维生素 E   D. 维生素 H

55. 茶叶中的多酚类物质主要是由(   )、黄酮类化合物、花青素和酚酸组成。

A. 叶绿茶 B. 茶黄素
C. 茶红素 D. 儿茶素

56. 不同季节的茶叶中，维生素含量最高的是（ ）。
   A. 春茶 B. 暑茶
   C. 秋茶 D. 冬片

57. 浓茶中（ ）含量很高，对人体刺激过于强烈。
   A. 茶多酚、维生素 B. 氨基酸、咖啡因
   C. 茶多酚、咖啡因 D. 氨基酸、叶绿素

58. （ ）标准是与茶叶关系密切的国家强制性标准。
   A. GB113432－92《特殊营养食品标签》
   B. DB33/160－92《珠茶》
   C. Q/35NDC.001－92《银毫》
   D. D/GX06－87《黄山毛峰》

59. 按照标准的管理权限，（ ）标准属于行业标准。
   A.《乌龙茶成品茶》 B.《茉莉花茶》
   C.《屯炒青绿茶》 D.《第四套红碎茶》

60. 劳动者的权益包括：享有平等就业和选择就业的权利，（ ），休息休假的权利，获得劳动安全卫生保护的权利，接受职业技能培训、享受社会保险和福利的权利。
   A. 不服从值班安排的权利 B. 选择排班时间的权利
   C. 取得劳动报酬的权利 D. 按个人要求选择工作分工的权利

61. 当劳资关系发生纠纷时，在纠纷初级阶段，解决纠纷的机构是（ ）。
   A. 劳动仲裁委员会 B. 劳动争议仲裁委员会
   C. 本单位劳动争议调解委员会 D. 人民法院

62. 在县级以上地方主管监督《食品卫生法》的机构是（ ）。
   A. 地方人民政府 B. 当地的卫生行政部门
   C. 上一级卫生行政部门 D. 卫生部

63. 下列选项中，（ ）不符合热情周到服务的要求。
   A. 宾客低声交谈时，应主动回避
   B. 仔细倾听宾客的要求，必要时向宾客复述一遍
   C. 宾客之间谈话时，要侧耳倾听
   D. 宾客有事招呼时，要赶紧跑步向前询问

64. 茶艺师与宾客道别时，可通过巧妙利用一些特别的情景加上特别的问候，让人倍感温馨，给人留下深刻而美好的印象。如果客人购买了一些名茶作为节日礼物，茶艺师可说（ ）。
   A. 祝您节日快乐 B. 祝您旅途平安
   C. 祝您健康幸福 D. 祝您生活美好

65. 在为宾客引路指示方向时，下列举止不妥当的是（ ）。
   A. 眼睛看着目标方向，并兼顾宾客
   B. 指向目标方向

C. 面带微笑，语气温和
D. 手指明确指向目标方向

66. 在服务接待过程中，不能使用（　　）目光，因它给人以目中无人、骄傲自大的感觉。
    A. 向上   B. 正视
    C. 俯视   D. 扫视

67. 日本人和韩国人讲究饮茶，注重饮茶礼法，茶艺师为其服务时应注意（　　）。
    A. 泡茶规范   B. 斟茶数量
    C. 敬茶顺序   D. 品茶方法

68. 接待印度、尼泊尔宾客时，茶艺师应施（　　）礼。
    A. 拱手礼   B. 拥抱礼
    C. 合十礼   D. 扪胸礼

69. 英国人喜欢（　　），茶艺师应根据茶艺服务规程和宾客特点提供服务，以满足宾客需求。
    A. 甜味牛奶红茶   B. 甜味薄荷绿茶
    C. 甜味冰红茶   D. 果味柠檬红茶

70. 根据俄罗斯人对茶饮的爱好，茶艺师在服务过程中可向他们推荐一些（　　）作为茶点。
    A. 花生酪   B. 牛肉干
    C. 咸橄榄   D. 萝卜干

71. 巴基斯坦西北地区流行饮绿茶，多数配以（　　）。
    A. 糖和冰块   B. 糖和酸奶
    C. 糖和豆蔻   D. 糖和果汁

72. （　　）饮茶，大多推崇纯茶清饮，茶艺师可根据宾客所点的茶品，采用不同方法沏茶。
    A. 汉族   B. 苗族
    C. 白族   D. 侗族

73. 藏族喝茶有一定礼节，三杯后当宾客将添满的茶汤一饮而尽时，茶艺师就（　　）。
    A. 继续添茶   B. 不再添茶
    C. 可以离开   D. 准备送客

74. 为（　　）宾客服务时，尽量当宾客的面冲洗杯子，端茶时要用双手。
    A. 傣族   B. 维吾尔族
    C. 鄂伦春族   D. 撒拉族

75. 为（　　）宾客服务时，要注意斟茶不能过满，奉茶时要用双手。
    A. 壮族   B. 苗族
    C. 白族   D. 藏族

76. 茶艺师在与信奉佛教的宾客交谈时，不能（　　）。
    A. 问其法号   B. 问其寺庙名或庵堂名
    C. 问其尊姓大名   D. 问其佛教传说

77. 茶艺师为 VIP 宾客服务，每天都要了解 VIP 宾客的（　　）。
   A. 预定节目　　　　　　　　B. 预定情况
   C. 接待动向　　　　　　　　D. 工作情况
78. 在为 VIP 宾客提供服务时，茶艺师应根据 VIP 宾客的（　　）和茶艺馆的规定配备茶品。
   A. 年龄　　　　　　　　　　B. 性别
   C. 等级　　　　　　　　　　D. 来馆的次数
79. 接待年老体弱的宾客时，应（　　）。
   A. 尽可能将其安排在窗边
   B. 尽可能将其安排在离入口较近的位置
   C. 尽可能将其安排在远离入口的位置
   D. 尽可能将其安排在雅间
80. 六大类成品茶分类的依据是（　　）。
   A. 茶叶鲜叶原料加工　　　　B. 茶树品种
   C. 茶树产地　　　　　　　　D. 发酵时间
81. 钻研业务、精益求精具体体现在茶艺师不但要主动、热情、耐心、周到地接待品茶客人而且必须（　　）。
   A. 熟练掌握不同茶品的沏泡方法
   B. 专门掌握本地茶品的沏泡方法
   C. 专门掌握茶艺表演的沏泡方法
   D. 掌握保健茶或药用茶的沏泡方法
82. 宋代豆子茶的主要成分是（　　）。
   A. 黄豆、芝麻、姜、盐、茶　　B. 玉米、小麦、葱、醋、茶
   C. 大米、高粱、橘、蒜、茶　　D. 小米、薄荷、葱、酒、茶
83. 世界上第一部茶书的作者是（　　）。
   A. 熊番　　　　　　　　　　B. 陆羽
   C. 张又新　　　　　　　　　D. 温庭筠
84. 唐代饼茶的制作需经过的工序是（　　）。
   A. 煮、煎、滤　　　　　　　B. 炙、碾、罗
   C. 蒸、舂、煮　　　　　　　D. 烤、烫、切
85. （　　）茶叶的种类有粗茶、散茶、末茶、饼茶。
   A. 元代　　　　　　　　　　B. 明代
   C. 唐代　　　　　　　　　　D. 宋代
86. 茶艺的三种形态（　　）。
   A. 营业、表演、议事　　　　B. 品茗、营业、表演
   C. 营业、学艺、聚会　　　　D. 品茗、调解、息事
87. 灌木型茶树的基本特征是（　　）。
   A. 叶小而密
   B. 叶大而密，分枝粗壮

C. 没有明显主干，分枝较密，多近地面处，树冠短小
D. 主干明显，分枝稀，树冠短小

88. 制作乌龙茶对鲜叶原料和采摘（　　），大多为对口叶，芽叶已成熟。
A. 一叶一芽　　　　　　　　B. 二叶一芽
C. 四叶一芽　　　　　　　　D. 五叶一芽

89. 引发茶叶变质的主要因素有（　　）等。
A. 二氧化碳　　　　　　　　B. 氮气
C. 氧气　　　　　　　　　　D. 氨气

90. 茶叶的保存应注意温度的控制。温度平均升高（　　），茶叶褐变速度将增加 3～5 倍。
A. 6℃　　　　　　　　　　B. 8℃
C. 10℃　　　　　　　　　 D. 12℃

91. 明代茶具的代表是（　　）。
A. 青花瓷器　　　　　　　　B. 黑釉瓷器
C. 景瓷宜陶　　　　　　　　D. 玻璃茶具

92. （　　）又称"三才碗"，一式三件，下有托、中有碗、上置盖。
A. 紫砂壶　　　　　　　　　B. 盖碗
C. 兔毫盏　　　　　　　　　D. 茶盅

93. 历史上第一个留下名字的壶艺家供春的代表作品是（　　）。
A. 南瓜壶　　　　　　　　　B. 树瘤壶
C. 书画壶　　　　　　　　　D. 鱼化龙壶

94. 凡是不含有（　　）的水，称为软水。
A. Cu^{2+}、Al^{3+}　　　　　　B. Fe^{2+}、Fe^{3+}
C. Ca^{2+}、Mg^{2+}　　　　　　D. Cl^-、Al^{3+}

95. 古人对泡茶水温十分讲究，认为"水老"，茶汤品质（　　）。
A. 茶叶下沉，新鲜度提高　　B. 茶叶下沉，新鲜度下降
C. 茶浮水面，鲜爽味减弱　　D. 茶浮水面，鲜爽味提高

96. 用经过氯化处理的自来水泡茶，茶汤品质（　　）。
A. 香气变淡　　　　　　　　B. 汤色变淡
C. 汤味变苦　　　　　　　　D. 汤色变浑

97. 为了将茶叶冲泡好，在选择茶具时主要的参考因素是：看场合、看人数、（　　）。
A. 看茶叶的品种　　　　　　B. 看茶叶
C. 看茶叶的外形　　　　　　D. 看喝茶人的喜好

98. 以下说法中，品茶与喝茶的相同点是（　　）。
A. 对泡茶意境的讲究　　　　B. 对泡茶水质的讲究
C. 冲泡茶的方法一致　　　　D. 对茶的色香味的讲究

99. 由于舌头各部位的味蕾对不同滋味的感受不一样，在品茶汤滋味时，应将茶汤（　　）才能充分感受茶中的甜、酸、鲜、苦、涩味。
A. 含在口中不要急于吞下

B. 停留在口中，与舌的各部位打转后
C. 立即咽下
D. 小口慢吞

100. 一般冲泡乌龙茶，根据品茶人数选用大小适宜的壶，投茶量视乌龙茶的（　　）而定。
    A. 外形　　　　　　　　　　B. 品种和季节
    C. 品种和条索　　　　　　　D. 条索

101. 过量饮浓茶，会引起头痛、恶心、（　　）、烦躁等不良症状。
    A. 龋齿　　　　　　　　　　B. 失眠
    C. 糖尿病　　　　　　　　　D. 冠心病

102. 按照标准的管理权限，下列（　　）标准属于国家标准。
    A.《屯炒青绿茶》　　　　　　B.《紧压茶·沱茶》
    C.《祁门工夫红茶》　　　　　D.《闽烘青绿茶》

103. 当宾客对饮用什么茶叶或选用什么茶点拿不定主意时，茶艺师应（　　）。
    A. 主动替宾客选定
    B. 热情为宾客推荐
    C. 礼貌将茶单交宾客自选
    D. 留时间让宾客考虑，确定后再来服务

104. 茶艺师与宾客交谈时，应（　　）。
    A. 保持与对方交流，随时插话
    B. 尽可能多地与宾客聊天交谈
    C. 在听顾客说话时，随时做出反应
    D. 对宾客礼貌，避免目光正视对方

105. 茶艺师可以用关切的询问、征求的态度、提议的问话、（　　）来加深与宾客的交流和理解，有效地提高茶艺馆的服务质量。
    A. 直接回答　　　　　　　　B. 郑重的回答
    C. 简捷的回答　　　　　　　D. 有针对性的回答

106. 下列选项中，不符合茶艺师坐姿要求的是（　　）。
    A. 挺胸立腰显精神
    B. 两腿交叉叠放显优雅
    C. 端庄娴雅身体随服务要求而动显自然
    D. 坐正坐直显端庄

107. 乌龙茶类中的武夷岩茶的茶汤色泽为（　　）型。
    A. 橙黄　　　　　　　　　　B. 金黄
    C. 橙红　　　　　　　　　　D. 橙绿

108. 炒青、烘青、晒青是（　　）按干燥方式不同划分的三个种类。
    A. 绿茶　　　　　　　　　　B. 红茶
    C. 青茶　　　　　　　　　　D. 白茶

109. 红茶按加工工艺分为（　　）三大种类。

  A. 滇红、宁红、宜红工夫   B. 宁红、政和、小种红茶
  C. 工夫、小种红茶和红碎茶   D. 潮红、川红和正山小种

110. 黑茶按加工和形状的不同分为（   ）两大类。
  A. 条型和片型   B. 散装和压制
  C. 液状和粉状   D. 珠状和条状

111. 茶艺系统的主要内容（   ）。
  A. 阅画、赏花、焚香与品茗   B. 绘画、唱和、赏花与品茗
  C. 静气、作画、读书与品茗   D. 和诗、下棋、作画与品茗

112. （   ）是最能反映月下美景的古典名曲。
  A. 《阳关三叠》   B. 《潇湘水云》
  C. 《空山鸟语》   D. 《彩云追月》

113. （   ）是拟禽鸟之声的古典名曲。
  A. 《空山鸟语》   B. 《彩云追月》
  C. 《幽谷清风》   D. 《平湖秋月》

114. （   ）不是近代作曲家为品茶而谱写的音乐。
  A. 《竹奏乐》   B. 《茉莉花》
  C. 《桂花龙井》   D. 《乌龙八仙》

115. 茶艺表演者着装应具有（   ）特色。
  A. 民族   B. 地方
  C. 家乡   D. 现代

116. 不符合茶艺表演者发型要求的是（   ）。
  A. 短发   B. 马尾辫
  C. 长发披肩   D. 寸头

117. 茶室插花的目的是（   ）。
  A. 令茶室充满花香   B. 烘托品茗环境
  C. 为茶室增添色彩   D. 活跃品茗氛围

118. 自然散发的香品有（   ）。
  A. 茶叶、香花   B. 香精、兰花
  C. 香油、香花   D. 香草、香木

119. 香品原料的主要种类有（   ）。
  A. 天然性、植物性、动物性   B. 陆生性、动物性、合成性
  C. 植物性、动物性、合成性   D. 海洋性、植物性、合成性

120. 品茗焚香时使用的最佳香具是（   ）。
  A. 钵头   B. 大碗
  C. 竹筒   D. 香炉

121. 品茗焚香时，香不能紧挨着（   ）。
  A. 茶叶   B. 鲜花
  C. 烧炉   D. 茶壶

122. 龙井茶艺的表演程序共为（   ）道。

A. 14　　　　　　　　　　　　B. 12
C. 10　　　　　　　　　　　　D. 7

123. 泡绿茶的适宜水温是（　　）左右。
　　A. 100℃　　　　　　　　　B. 90℃
　　C. 80℃　　　　　　　　　 D. 70℃

124. 净杯时，要求将水均匀地从茶杯洗过，而且要无处不到，宁红太子茶艺将这种洗法称为（　　）。
　　A. 孟臣淋霖　　　　　　　　B. 若琛出浴
　　C. 流云拂月　　　　　　　　D. 重洗仙燕

125. 安溪乌龙茶艺品茶使用的茶具是（　　）。
　　A. 玻璃杯　　　　　　　　　B. 紫砂杯
　　C. 小瓷杯　　　　　　　　　D. 陶土杯

126. 安溪乌龙茶艺使用的（　　）的制作原料是竹。
　　A. 茶匙、茶斗、茶夹、茶通　　B. 茶盘、茶罐、茶船、茶荷
　　C. 茶通、茶针、漏斗、水盂　　D. 茶盘、茶托、茶箸、茶杯

127. "茶室四宝"是指（　　）。
　　A. 杯、盏、泡壶、炭炉　　　　B. 炉、壶、欧杯、托盘
　　C. 炉、壶、圆桌、木凳　　　　D. 杯、盏、托盘、炭炉

128. 乌龙茶艺持杯方法被喻为（　　）。
　　A. 观音出海　　　　　　　　B. 敬奉香茗
　　C. 悬壶高冲　　　　　　　　D. 三龙护鼎

129. 茉莉花茶使用的（　　）是三才杯。
　　A. 评审杯　　　　　　　　　B. 赏茶杯
　　C. 闻香杯　　　　　　　　　D. 品茶杯

130. 茉莉花茶艺的表演程序共有（　　）。
　　A. 8道　　　　　　　　　　 B. 16道
　　C. 10道　　　　　　　　　　D. 12道

131. 冲泡（　　）的适宜水温是90℃左右。
　　A. 红碎茶　　　　　　　　　B. 龙井茶
　　C. 茉莉花茶　　　　　　　　D. 铁观音茶

132. 茉莉花茶艺中敬茶顺序是（　　）。
　　A. 从前到后　　　　　　　　B. 从后到前
　　C. 从右到左　　　　　　　　D. 从尊到卑

133. 唐代诗人卢仝有一首著名茶诗，题目为（　　）。
　　A. 《走笔谢孟谏议寄新茶》　　B. 《谢尚书惠蜡面茶》
　　C. 《次谢许少卿寄卧龙山茶》　D. 《谢张和踵惠宝云茶》

134. 清饮法是以沸水直接冲泡叶茶，清饮茶汤，品尝和欣赏茶叶（　　）。
　　A. 香味　　　　　　　　　　B. 真香本味
　　C. 汤色　　　　　　　　　　D. 绚丽茶舞

135. 西湖龙井内质的品质特点是（   ）。
    A. 汤色碧绿、滋味甘醇鲜爽   B. 清香优雅、浓郁甘醇、鲜爽甜润
    C. 内质清香、汤绿味浓   D. 香高馥郁、味浓醇和、汤色清澈明亮

136. 皖南屯绿内质的品质特点是（   ）。
    A. 汤色碧绿、滋味甘醇鲜爽   B. 清香优雅、浓郁甘醇、鲜爽甜润
    C. 内质清香、汤绿味浓   D. 香高馥郁、味浓醇和、汤色清澈明亮

137. 香气浓郁，具"玫瑰香"，汤色红艳鲜亮具"金圈"，品质超群，被誉为"群芳最"是（   ）。
    A. 安溪铁观音   B. 云南普洱茶
    C. 祁门红茶   D. 太平猴魁

138. 滇红工夫红茶内质的品质特点是（   ）。
    A. 香气清纯，滋味甜爽，汤色橙黄明净，叶底嫩黄匀亮
    B. 清香高长，汤色清澈，滋味鲜浓、醇厚、甘甜，叶底嫩黄肥壮成朵
    C. 汤色鲜亮，香气鲜郁高长，滋味浓厚鲜爽，富有刺激性，叶底红匀嫩亮
    D. 香气清高、味道干鲜

139. （   ）被陆羽评为"天下第一泉"。
    A. 庐山康王谷谷帘泉   B. 镇江金山寺中冷泉
    C. 杭州飞来峰玉女泉   D. 山东济南趵突泉

140. 烹茗井在灵隐山，因（   ）曾经用它煮饮茶汤而得名。
    A. 李时珍   B. 欧阳修
    C. 王安石   D. 白居易

141. "山后涓涓涌圣泉，盈虚消长景堪传。"此诗是对（   ）泉水景观的赞美。
    A. 圣泉   B. 白泉
    C. 酒泉   D. 冰泉

142. 泡茶时，先注满沸水再放茶叶，称为（   ）。
    A. 上投法   B. 中投法
    C. 下投法   D. 点茶法

143. 茶叶是否（   ）是衡量茶叶采摘和加工优劣的重要参考依据。
    A. 新   B. 匀
    C. 净   D. 纯

144. （   ）中的夹杂物会直接影响茶叶的卫生。
    A. 茶梗   B. 茶花
    C. 茶片   D. 草叶

145. 下列选项中，（   ）不属于培养职业道德的主要途径。
    A. 努力提高自身技能   B. 理论联系实际
    C. 努力做到"慎独"   D. 检点自己的言行

146. 茶艺服务中与品茶客人交流时要（   ）。
    A. 态度温和、说话缓慢   B. 严肃认真、有问必答
    C. 快速问答、简单明了   D. 语气平和、热情友好

147. 消费者和经营者发生权益纠纷时可以与经营者协商解决,可以请求消费者协会调解,可以向有关行政部门申诉,(　　),也可向人民法院提起诉讼。
    A. 与消费者多方解释,采用赠送、打折等方式解决
    B. 消费者索取赔偿
    C. 可以提请仲裁机构仲裁
    D. 经营方为避免争执,做出退让并给予免单

148. 经营单位想要取得"卫生许可证",须向(　　)申请登记,办理营业执照。
    A. 工商税务局   B. 商标事务所
    C. 卫生防疫站   D. 工商行政管理部门

149.《神农本草》是最早记载茶为(　　)的书籍。
    A. 食用   B. 礼品
    C. 药用   D. 聘礼

150. 擂茶在宋代有(　　)之称。
    A. 茗粥   B. 米粥
    C. 豆粥   D. 菜粥

151. 宋代(　　)的主要内容是看汤色、汤花。
    A. 泡茶   B. 鉴茶
    C. 分茶   D. 斗茶

152. 清代出现(　　)品饮艺术。
    A. 信阳毛尖茶   B. 乌龙工夫茶
    C. 白毫银针茶   D. 白族三道茶

153. 第一部茶书的书名是(　　)。
    A.《补茶经》   B.《续茶谱》
    C.《茶经》   D.《茶绿》

154. 六大茶类齐全的年代是(　　)。
    A. 清代   B. 明代
    C. 元代   D. 汉代

155. 斗茶起源于(　　)。
    A. 汉朝   B. 唐朝
    C. 宋朝   D. 元朝

156. 广义茶文化的含义是(　　)。
    A. 茶叶生产   B. 茶叶加工
    C. 茶叶的物质与精神财富的总和   D. 茶叶的物质及经济价值关系

157. 茶艺的基础是(　　)。
    A. 茶俗   B. 茶具
    C. 茶道   D. 茶仪

158. 茶道精神是(　　)的核心。
    A. 茶生产   B. 茶交易
    C. 茶文化   D. 茶艺术

159. 宾客进入茶艺室，茶艺师要笑脸相迎，并致亲切问候，通过（   ）和可亲的面容使宾客进门就感到心情舒畅。
  A. 轻松的音乐   B. 美好的语言
  C. 热情的握手   D. 严肃的礼节

160. 人们在日常生活中，从（   ）的上升是生理需要到精神满足的上升。
  A. 喝茶到品茶   B. 以茶代酒
  C. 将茶列为开门七件事之一   D. 喝茶到喝调味茶

161. 鉴别真假茶，应了解茶叶的植物学特征，叶面侧脉伸展至离叶缘（   ）向上弯，连接上一条侧脉。
  A. 1/4 处   B. 2/4 处
  C. 1/3 处   D. 2/3 处

162. 判断好茶的客观标准主要是茶叶外形的均整、（   ）、香气、净度。
  A. 色泽   B. 滋味
  C. 汤色   D. 叶底

163. "色绿、形美、香郁、味醇"是（   ）茶的品质特征。
  A. 信阳毛尖   B. 君山银针
  C. 龙井   D. 奇兰

164. 清香高长，汤色清澈，滋味鲜浓、醇厚、甘甜，叶底嫩黄肥壮成朵是（   ）的品质特点。
  A. 六安瓜片   B. 君山银针
  C. 黄山毛峰   D. 滇红工夫红茶

165. 汤色艳亮，香气鲜郁高长，滋味浓厚鲜爽，富有刺激性，叶底红匀嫩亮是（   ）的品质特点。
  A. 六安瓜片   B. 君山银针
  C. 黄山毛峰   D. 滇红工夫红茶

166. 新茶的主要特点是（   ）。
  A. 条索紧结   B. 滋味醇和
  C. 香气清鲜   D. 叶质柔软

167. 信阳毛尖内质特点是（   ）。
  A. 汤色碧绿、滋味甘醇鲜爽   B. 清香幽雅、浓郁甘醇、鲜爽甜润
  C. 内质清香、汤绿味浓   D. 香高馥郁、味浓醇和、汤色清澈明亮

168. 西湖龙井外形的品质特点是（   ）。
  A. 外形扁平光滑，形如"碗钉"   B. 条索纤细、卷曲成螺、茸毛披露
  C. 外形细、圆紧、直、光、多白毫   D. 外形匀整，条索紧结，色泽灰绿光润

169. "两叶抱一芽，平扁挺直不散、不翘、不曲，全身白毫，含而不露"是（   ）的品质特点。
  A. 太平猴魁   B. 祁门红茶
  C. 安溪铁观音   D. 云南普洱茶

170. "芽头肥壮，紧实挺直，芽身金黄，满披白毫"是（   ）的品质特点。

A. 黄山毛峰 B. 六安瓜片
C. 君山银针 D. 滇红工夫红茶

171. 汤色清澈，馥郁清香，醇爽甘甜是（　　）的品质特点。
A. 云南普洱茶 B. 滇红工夫红茶
C. 云南沱茶 D. 金银花茶

172. 鉴别真假茶，应了解茶叶的植物学特征，嫩枝茎应成（　　）。
A. 扁形 B. 半圆形
C. 圆柱形 D. 三角形

173. 乌龙茶类中（　　）叶底不显绿叶红镶边。
A. 武夷水仙 B. 闽南青茶
C. 白毫乌龙 D. 凤凰单枞

174. 福建、广东、台湾主要生产制作的茶类是（　　）。
A. 绿茶 B. 乌龙茶
C. 黄茶 D. 红茶

175. 高山茶与平地茶有明显区别，下列不属于高山茶特征的是（　　）。
A. 白毫显露 B. 叶底硬薄
C. 条索肥硕 D. 香气高

176. 黄茶按鲜叶老嫩不同，分为（　　）三大类。
A. 蒙顶茶、黄大茶、太平猴魁 B. 信阳毛尖、黄大茶、洞庭茶
C. 黄金桂、黄小茶、都匀毛尖 D. 黄芽茶、黄小茶、黄大茶

177. 基本茶类分为不发酵的绿茶类及（　　）的黑茶类。
A. 重发酵 B. 后发酵
C. 轻发酵 D. 全发酵

178. 鲜爽、醇厚、鲜浓是评茶术语中关于（　　）的褒义术语。
A. 香气 B. 滋味
C. 外形 D. 嫩度

179. 祁门工夫红茶内质的品质特点是（　　）。
A. 茶汤青绿明亮，滋味鲜醇回甘。头泡香高，二泡味浓，三四泡幽香犹存
B. 香气浓郁，具"玫瑰香"，汤色红艳鲜亮具"金圈"，品质超群，被誉为"群芳最"
C. 香气馥郁持久，汤色金黄，滋味醇厚甘鲜，入口回甘带蜜味
D. 香气馥郁，滋味醇厚回甜，具有独特的清香。茶性温和，有较好的药理作用

180. "香气馥郁持久，汤色金黄，滋味醇厚甘鲜，入口回甘带蜜味"是（　　）的品质特点。
A. 安溪铁观音 B. 云南普洱茶
C. 祁门红茶 D. 太平猴魁

181. 形似雀舌，匀齐壮实，锋显毫露，色如象牙，鱼叶金黄是（　　）的品质特点。
A. 黄山毛峰 B. 六安瓜片
C. 君山银针 D. 滇红工夫红茶

182. 防止茶叶陈化变质，应避免存放时间太长，水分含量过高，避免（　　）和阳光直射。
　　　A. 高温干燥　　　　　　　　　B. 低温干燥
　　　C. 高温高湿　　　　　　　　　D. 低温低湿

183. 茶叶中的（　　）具有降血脂、降血糖、降血压的药理作用。
　　　A. 氨基酸　　　　　　　　　　B. 咖啡因
　　　C. 茶多酚　　　　　　　　　　D. 维生素

184. 《茶叶卫生标准》规定茶叶（　　）的含量不能超过0.2mg/kg。
　　　A. DDT　　　　　　　　　　　B. 敌敌畏
　　　C. 甲胺磷　　　　　　　　　　D. 杀螟硫磷

185. 茶叶的保存应注意光线照射，因为光线能促进植物（　　）的氧化，加速茶叶变质。
　　　A. 色素或蛋白质　　　　　　　B. 维生素或蛋白质
　　　C. 色素或脂质　　　　　　　　D. 色素或维生素

186. 关于陶与瓷的区别，描述不正确的是（　　）。
　　　A. 作胎原料不同　　　　　　　B. 胎色不同
　　　C. 烧制温度不同　　　　　　　D. 总气孔率不同

187. 青花瓷是在（　　）上缀以青色文饰、清丽恬静，既典雅又丰富。
　　　A. 白瓷　　　　　　　　　　　B. 青瓷
　　　C. 金属　　　　　　　　　　　D. 竹木

188. （　　）五大名窑分别是官窑、哥窑、汝窑、定窑、均窑。
　　　A. 宋代　　　　　　　　　　　B. 五代
　　　C. 元代　　　　　　　　　　　D. 明代

189. 浙江龙泉的（　　）以"造型古朴挺健、釉色翠青如玉"著称。
　　　A. 青花瓷　　　　　　　　　　B. 青瓷
　　　C. 白瓷　　　　　　　　　　　D. 黑瓷

190. （　　）是中国"五大名泉"之一。
　　　A. 无锡惠山泉　　　　　　　　B. 杭州玉泉
　　　C. 虎丘剑池　　　　　　　　　D. 庐山招隐泉

191. 古人对泡茶水温十分讲究，认为"水老"，茶汤品质（　　）。
　　　A. 新鲜度下降　　　　　　　　B. 新鲜度提高
　　　C. 鲜爽味提高　　　　　　　　D. 鲜爽味减弱

192. 苏东坡诗中提到陆羽遗却的一道泉是指（　　）。
　　　A. 紫薇泉　　　　　　　　　　B. 鸣弦泉
　　　C. 招隐泉　　　　　　　　　　D. 安平泉

193. 陆羽泉水清味甘，陆羽以自凿泉水，烹自种之茶。在唐代被誉为（　　）。
　　　A. 天下第一泉　　　　　　　　B. 天下第二泉
　　　C. 天下第三泉　　　　　　　　D. 天下第四泉

194. 在冲泡茶的基本程序中，煮水的环节讲究（　　）。

A. 不同品种的茶叶所需水温不同
B. 不同外形的茶叶煮水温度不同
C. 根据不同的茶具选择不同的煮水容器
D. 不同品种的茶叶所需时间不同

195. 相传苏东坡非常喜欢杭州（　　）的泉水，每天派人打水，又怕人偷懒将水调包，特意用竹子做了标记，交给寺里僧人作为取水的凭证，后人称之为"调水符"。
　　A. 茯苓泉　　　　　　　　B. 观音泉
　　C. 甘露泉　　　　　　　　D. 玉女泉

196. （　　）是大众首选的软化自来水的方法。
　　A. 静置煮沸　　　　　　　B. 澄清过滤
　　C. 电解法　　　　　　　　D. 渗透法

197. 用经过氯化处理自来水泡茶，茶汤品质（　　）。
　　A. 带金属味　　　　　　　B. 汤色加深
　　C. 香气变淡　　　　　　　D. 汤味变涩

198. （　　）值越小，溶液的酸碱度越小。
　　A. pH　　　　　　　　　　B. PF
　　C. PPB　　　　　　　　　 D. PPT

199. 玻璃茶具的特点是（　　），光泽夺目，但易破碎，易烫手。
　　A. 导热性弱　　　　　　　B. 容易收藏
　　C. 保温性强　　　　　　　D. 质地透明

200. 茶荷是用来从茶叶罐中（　　）的器具，并用于欣赏干茶的外形及茶香。
　　A. 取茶渣　　　　　　　　B. 均匀茶汤浓度
　　C. 盛取干茶　　　　　　　D. 清洁茶具

201. 不锈钢茶具外表光泽明亮，造型规整有现代感，具有（　　）的特点。
　　A. 传热慢、不透气　　　　B. 传热慢、透气
　　C. 传热快、透气　　　　　D. 传热快、不透气

202. 审评红、绿、黄、白茶的审评杯碗规格，碗高（　　）。
　　A. 54mm　　　　　　　　　B. 56mm
　　C. 58mm　　　　　　　　　D. 60mm

203. 在冲泡茶的基本程序中，温壶（杯）的目的是（　　）。
　　A. 清洗茶具
　　B. 提高壶（杯）的温度，同时使茶具得到再次清洗
　　C. 将壶（杯）预热避免破碎
　　D. 消毒杀菌

204. 由于乌龙茶制作时间选用的是较成熟的芽叶做原料，属半发酵茶，冲泡时需要用（　　）的沸水。
　　A. 70~80℃　　　　　　　　B. 80~90℃
　　C. 90℃左右　　　　　　　 D. 95℃以上

205. 90℃左右水温比较适宜冲泡（　　）茶。

A. 红 B. 龙井
C. 乌龙 D. 普洱

206. 要泡好一壶茶，需要掌握茶艺的（　　）要素。
A. 七 B. 六
C. 五 D. 三

207. 在各种茶叶的冲泡程序中，茶叶的用量、（　　）和茶叶的浸泡时间是冲泡技巧中的三个基本要素。
A. 壶温 B. 水温
C. 水质 D. 水量

208. 95℃以上的水温适宜冲泡（　　）。
A. 玉绿茶 B. 普洱茶
C. 碧螺春 D. 龙井茶

209. 冲泡绿茶时，通常一只容量为100～150mL的玻璃杯，投茶量为（　　）。
A. 1～2g B. 1～1.5g
C. 2～3g D. 3～4g

210. 碧螺春冲泡置茶一般采用（　　）。
A. 上投法 B. 中投法
C. 下投法 D. 点茶法

211. 茶叶中的水溶性维生素主要是（　　）族和B族维生素。
A. C B. D
C. E D. H

212. 初次饮茶者喜欢（　　），茶水比要小。
A. 清香 B. 醇和
C. 淡茶 D. 浓茶

213. 冲泡茶的过程中，（　　）动作体现茶艺师借用形体动作传递对宾客的敬意。
A. 双手奉茶 B. 高冲水
C. 温润泡 D. 浊壶

214. 冲泡茉莉花茶的适宜水温是（　　）。
A. 95℃左右 B. 90℃左右
C. 85℃左右 D. 80℃左右

215. 泡茶时，先注入沸水1/3后放入茶叶，泡一定时间再注满水，称为（　　）。
A. 点茶法 B. 上投法
C. 下投法 D. 中投法

216. 品饮（　　）时，茶水的比例以1∶20为宜。
A. 花茶 B. 红茶
C. 铁观音 D. 紧压茶

217. 龙井茶冲泡中（　　）的作用是预防烫伤茶芽。
A. 烫杯 B. 温润泡
C. 凉汤 D. 浸润

218. 调味红茶品饮时重在领略它的（　　）。
    A. 香气和滋味　　　　　　　　B. 汤色和调味
    C. 汤色和叶底　　　　　　　　D. 叶底和调味

219. 品饮白茶时，冲泡开始时，茶叶都浮在水面，经（　　）后，才有部分茶芽沉落杯底。
    A. 十几分钟　　　　　　　　　B. 五六分钟
    C. 七八分钟　　　　　　　　　D. 两三分钟

220. 根据茶具的质地和性能，冲泡名优绿茶宜选配（　　）。
    A. 紫砂茶具，泡茶无熟汤味，又可保香也不易变质发馊
    B. 玻璃茶具，透明度高，泡茶茶姿汤色历历在目，增加情趣
    C. 搪瓷茶具，具有坚固耐用、携带方便等优点
    D. 保温茶具，会因泡熟而使茶汤泛红，香气低沉，失去鲜爽味

221. 冲泡茶叶和品饮茶汤是茶艺形式的重要表现部分，称为"行茶程序"，共分为三个阶段：准备阶段、（　　）、完成阶段。
    A. 冲泡阶段　　　　　　　　　B. 奉茶阶段
    C. 待客阶段　　　　　　　　　D. 操作阶段

222. 构成礼仪最基本的三大要素是（　　）。
    A. 语言、行为表情、服饰　　　B. 礼节、礼貌、礼服
    C. 待人、接物、处事　　　　　D. 思想、行为表现

223. 接待蒙古宾客，敬茶时当客人将手平伸，在杯口盖一下，这表明（　　）。
    A. 茶汤好喝　　　　　　　　　B. 不再喝了
    C. 想继续喝　　　　　　　　　D. 稍停再喝

224. 茶艺师与宾客交谈过程中，在双方意见各不相同的情况下，（　　）表达自己的不同看法。
    A. 可以婉转　　　　　　　　　B. 可以坦率
    C. 不可以　　　　　　　　　　D. 可以公开

225. 在为 VIP 宾客提供服务时应提前（　　）将茶品、茶食、茶具摆好，确保茶食的新鲜、洁净、卫生。
    A. 3 分钟　　　　　　　　　　B. 5 分钟
    C. 10 分钟　　　　　　　　　 D. 20 分钟

226. 出现焚香的历史年代是（　　）。
    A. 秦汉　　　　　　　　　　　B. 唐宋
    C. 元明　　　　　　　　　　　D. 明清

227. 茶艺表演时音乐的作用是（　　）。
    A. 营造意境　　　　　　　　　B. 热闹气氛
    C. 渲染情感　　　　　　　　　D. 张扬技艺

228. 茶叶与茶具的配合是（　　）的关键。
    A. 茶艺表演台布置　　　　　　B. 茶艺表演者发挥
    C. 茶艺表演创造氛围　　　　　D. 茶艺表演成败

229. 在唐代（　　）已经形成系统。
    A. 饮茶　　　　　　　　　　B. 喝酒
    C. 说书　　　　　　　　　　D. 斗茶
230. 最适合茶艺表演的音乐是（　　）。
    A. 通俗音乐　　　　　　　　B. 世界流行音乐
    C. 中国古典音乐　　　　　　D. 外国摇滚音乐
231. （　　）是焚香散发香气方式之一。
    A. 与煤同烧　　　　　　　　B. 加油燃烧
    C. 与柴合烧　　　　　　　　D. 自然散发
232. （　　）不是近代作曲家为品茶而谱写的音乐。
    A.《香飘水去间》　　　　　　B.《清香满山月》
    C.《茉莉花》　　　　　　　　D.《竹秦乐》
233. 安溪乌龙茶艺一般选择（　　）音乐。
    A. 南音名曲　　　　　　　　B. 三泉飞瀑
    C. 松涛海浪　　　　　　　　D. 空山鸟语
234. 不适合录制品茶时播放的大自然之声是（　　）。
    A. 风吹竹枝　　　　　　　　B. 秋虫鸣唱
    C. 暴雨雷鸣　　　　　　　　D. 万鸟啁啾
235. 茶艺表演者的服饰要与（　　）相配套。
    A. 表演场所　　　　　　　　B. 观看对象
    C. 茶叶品质　　　　　　　　D. 茶艺内容
236. 舒城小兰花干茶色泽属于（　　）。
    A. 金黄型　　　　　　　　　B. 橙黄型
    C. 黄绿型　　　　　　　　　D. 银白型
237. 阅画、赏花、焚香与品茗是古代（　　）的系统。
    A. 参禅　　　　　　　　　　B. 茶艺
    C. 插花　　　　　　　　　　D. 养身
238. 茶艺表演时（　　）的作用是营造艺境。
    A. 茶叶　　　　　　　　　　B. 香品
    C. 香炉　　　　　　　　　　D. 音乐
239. 茶室插花一般（　　）。
    A. 简约朴实　　　　　　　　B. 热烈奔放
    C. 花繁叶茂　　　　　　　　D. 摆设在高处
240. 品茗赏花插的花称为（　　）。
    A. 斋花　　　　　　　　　　B. 室花
    C. 茶花　　　　　　　　　　D. 轩花
241. 香草、沉香木是制作（　　）的主要原料。
    A. 燃烧香品　　　　　　　　B. 熏炙香品
    C. 自然散发香品　　　　　　D. 树脂性香品

242. 龙脑是制作（　　）的主要原料。
　　A. 燃烧香品　　　　　　　　B. 熏炙香品
　　C. 线香　　　　　　　　　　D. 盘香

243. 明代以后，茶馆（室）的茶挂主要是（　　）。
　　A. 书法字轴　　　　　　　　B. 国画图轴
　　C. 刺绣挂画　　　　　　　　D. 木刻版画

244. 下列选项中，（　　）不符合茶室插花的一般要求。
　　A. 以鉴赏为主，摆设位置应较低
　　B. 用平实技法，进行自由型插花
　　C. 以取素色半开，枝叶取单支为好
　　D. 一花一叶过于单调，花枝繁茂为佳

245. 焚香散发香气有（　　）、燃烧、自然散发三种方式。
　　A. 熏炙　　　　　　　　　　B. 碾碎
　　C. 浸渍　　　　　　　　　　D. 春末

246. 香油、香花是（　　）的香品。
　　A. 自然散发　　　　　　　　B. 燃烧散发
　　C. 熏炙散发　　　　　　　　D. 烤焙散发

247. 香品原料主要分为（　　）三类。
　　A. 天然性、植物性、动物性　　B. 植物性、动物性、合成性
　　C. 原生性、植物性、合成性　　D. 矿物性、动物性、植物性

248. 品茗焚香时，香不能紧挨着（　　）。
　　A. 茶叶　　　　　　　　　　B. 鲜花
　　C. 烧炉　　　　　　　　　　D. 茶壶

249. 80℃左右的水温适宜泡（　　）。
　　A. 白鸡冠　　　　　　　　　B. 龙井茶
　　C. 铁观音　　　　　　　　　D. 普洱茶

250. 女性茶艺表演者如有条件可以（　　），可平添不少风韵。
　　A. 佩戴十字架　　　　　　　B. 戴条金手链
　　C. 戴一只玉镯　　　　　　　D. 戴一双手套

251. 熏炙香品的主要原料是（　　）。
　　A. 柏木　　　　　　　　　　B. 槐木
　　C. 银杏　　　　　　　　　　D. 龙脑

252. 品茗焚香时使用的最佳香具是（　　）。
　　A. 簸箩　　　　　　　　　　B. 木桶
　　C. 香炉　　　　　　　　　　D. 竹筒

253. （　　）茶艺所用的茶杯为玻璃杯。
　　A. 龙井茶　　　　　　　　　B. 乌龙茶
　　C. 黄大茶　　　　　　　　　D. 普洱茶

254. 玉泉催花是宁红太子茶艺（　　）的雅称。

A. 洗器 B. 献茶
C. 烧水 D. 筛水

255. 龙井茶艺的（　　）是寓意向嘉宾三致意。
A. 金狮三呈祥 B. 祥龙三叩首
C. 凤凰三点头 D. 孔雀三清声

256. 安溪乌龙茶艺使用的（　　）的制作原料是竹。
A. 茶盘、茶罐、茶船、茶荷 B. 茶匙、茶斗、茶夹、茶通
C. 茶盘、茶杯、茶针、水盂 D. 茶箸、茶托、漏斗、茶通

257. 乌龙茶艺的（　　）意指刮沫。
A. 热壶烫杯 B. 重洗仙颜
C. 春风拂面 D. 点水流香

258. 安溪乌龙茶艺的（　　）相似于传统程序关公巡城。
A. 点水流香 B. 观音出海
C. 春风拂面 D. 行云流水

259. 安溪乌龙茶艺的"悬壶高冲"意指（　　）方法。
A. 烧水 B. 淋壶
C. 冲水 D. 烫杯

260. （　　）茶艺的程序共有10道。
A. 茉莉花茶 B. 安溪乌龙茶
C. 宁红太子茶 D. 白族三道茶

261. 茉莉花茶艺（　　）的方法称为鼻品。
A. 看形 B. 观汤
C. 闻香 D. 品味

262. 茉莉花茶艺品茶是指三品花茶的最后一品，称为（　　）。
A. 舌品 B. 喉品
C. 口品 D. 鼻品

263. 乌龙茶艺持杯方法被喻为（　　）。
A. 仙女卸妆 B. 云腴献主
C. 三龙护鼎 D. 观音捧玉瓶

264. 茉莉花茶艺的"落英缤纷"的含义是（　　）。
A. 冲水 B. 烧水
C. 烫杯 D. 投茶

265. "茶味人生细品悟"喻指茉莉花茶艺的（　　）。
A. 回味 B. 赏茶
C. 论茶 D. 鉴茶

266. 茉莉花茶艺的烫杯被喻为（　　）。
A. 却嫌脂粉污颜面 B. 一片冰心在玉壶
C. 蓝田日暖玉生烟 D. 春江水暖鸭先知

267. 窨花茶一般都具有（　　）。

A. 头泡香气低沉 B. 浓郁纯正香气
C. 有茶味无花香 D. 有花干无花香

268. 下列选项中，（　　）不属于调饮法饮茶方式。
A. 茶汤中添水 B. 茶汤中加酒
C. 茶汤中加糖 D. 茶汤中加果汁

269. 科学饮茶的基本要求是（　　）。
A. 正确选择茶叶、正确冲泡方法和正确的品饮
B. 正确选择茶叶和正确冲泡方法
C. 正确冲泡方法和正确的品饮
D. 正确选择茶叶和正确的品饮

270. 由于冲泡乌龙茶要求的温度较高，因此在紫砂茶艺冲泡过程中增加温壶（杯）和（　　），以避免冲泡中温度降低。
A. 高冲让茶叶在壶中翻滚 B. 用过滤网将茶汤滤出
C. 将茶汤注入闻香杯中 D. 冲泡后用开水冲淋壶盖

271. 茶叶中有（　　）多种化学成分。
A. 100 B. 200
C. 500 D. 600

272. 冰茶的原料，以茶汁易快速浸出的为好，最常用的为（　　）。
A. 条形茶 B. 紧压茶
C. 碎茶 D. 片茶

273. 冰茶制作时冲泡用水的水温以（　　）为宜。
A. 100℃ B. 90℃
C. 70℃ D. 60℃

274. 制作500mL的冰茶，置茶量约需（　　）。
A. 2～3g B. 4～5g
C. 5～6g D. 8～9g

275. 调饮茶奉茶时必须每杯茶边放（　　）一个，用来调匀茶汤。
A. 茶匙 B. 茶盅
C. 茶洗 D. 茶通

276. 配料茶准备的程序要求泡茶台的中间放置茶盘，内放盖杯和（　　）。
A. 配料缸 B. 赏茶碟
C. 开水壶 D. 茶叶罐

277. 在工作岗位上要求茶艺师"有声"服务，即在服务过程中必须合理使用（　　）。
A. 询问之声 B. 问候之声
C. 接待三声 D. 服务之声

278. 将旅游与茶乡民俗风情结合，借助旅游来宣传，发展（　　），会取得更好的经济效益和经济效益。
A. 文化遗产 B. 品茶时尚
C. 制茶工艺 D. 少数民族茶文化

279. 开展道德评价具体体现在茶艺人员之间（　　）。
    A. 相互批评和监督　　　　　　B. 批评与自我批评
    C. 监督和揭发　　　　　　　　D. 学习和攀比
280. （　　）作品小壶多，中壶少，大壶罕见，大者浑朴，小者精妙。
    A. 惠孟臣　　　　　　　　　　B. 杨彭年
    C. 陈曼生　　　　　　　　　　D. 时大彬
281. 白族"三道茶"是指（　　）。
    A. 一苦二甜三回甘
    B. 对尊贵宾客要斟茶三道
    C. 按当地风俗，客人喝油茶一般少于三碗
    D. 生叶、生姜和生米仁等三道原料加水烹煮而成的汤
282. 时间的因素对泡好一壶茶的影响是重要的，不同茶类在冲泡中对时间的要求是不同的，但茶汤的滋味总是随着冲泡（　　）而逐渐增浓的。
    A. 茶量　　　　　　　　　　　B. 时间的延长
    C. 次数的增加　　　　　　　　D. 水温

二、**判断题**（第283～第372题，将判断结果填入括号中，正确的填"√"，错误的填"×"。每题1分）

283. （　　）职业道德品质，是人们在长期的职业实践中，逐步形成的职业观念、职业良心和职业自豪感等。
284. （　　）开展道德评价时，自我批评对提高道德品质修养最重要。
285. （　　）提高自己的学历水平不属于培养职业道德修养的主要途径。
286. （　　）钻研业务、精益求精具体体现在茶艺师不但要主动、热情、耐心、周到地接待品茶客人，而且必须熟练掌握对不同茶品的沏泡方法。
287. （　　）唐代煎用饼茶需经过蒸、煮、滤。
288. （　　）制作乌龙茶对鲜艳的采摘两叶一芽，大都为对口叶，芽叶已成熟。
289. （　　）审评红、绿、黄、白毛茶（红茶或绿茶的原料茶）的杯碗规格，要求杯高73mm，杯容量200mL，碗高58mm，碗容量200mL。
290. （　　）防止茶叶陈化变质，应避免存放时间太长，含水量过高，冷库储存和阳光直射。
291. （　　）茶具这一概念最早出现于西汉时期陆羽《茶经》中"武阳买茶，烹茶尽具"。
292. （　　）紫砂壶历史上第一个留下名字的壶艺家是龚春。
293. （　　）峨眉山玉液泉是中国"五大名泉"之一。
294. （　　）为了将茶叶冲泡好，在选择茶具时主要的参考因素是：看场合、看人数、看茶叶。
295. （　　）由于茶多酚与氨基酸等影响茶汤滋味物质的含量与组成的变化，茶叶表现出各种不同的滋味特征。
296. （　　）在各种茶叶的冲泡程序中，茶叶的品种、水温和浸泡时间是冲泡技巧中的三个基本要素。

297. （　　）茶叶国家强制性标准的内容包括产品标准、检验方法标准和茶叶感官审评方法。

298. （　　）红、绿茶卫生标准规定重金属指标中，铅含量的指标为 2×10^{-6}。

299. （　　）《食品卫生法》中规定茶艺师每两年进行健康体检一次。

300. （　　）宾客进入茶艺室，茶艺师要笑脸相迎，并致亲切问候，通过美好的乐曲和可亲的面容使宾客进门就感到心情舒畅。

301. （　　）茶艺师与宾客对话时，应坐着并始终控制感情。

302. （　　）茶艺服务中的文明用语应通过语气、表情、声调等表达，与品茶客人交流时要语气平和、态度和蔼、热情友好。

303. （　　）最早记载茶为药用的书籍是《神农本草》。

304. （　　）世界上第一部茶书的书名是《茶谱》。

305. （　　）审评茶叶应包括色泽与内质两个项目，但在评比时大部分茶类都比较注重外形与滋味两个因素。

306. （　　）茶多酚具有降血脂、杀菌消炎、抗氧化、抗衰老、抗辐射、抗突变等药理作用。

307. （　　）《茶叶卫生标准》规定茶叶中 DDT 的含量不能超过 0.2mg/kg。

308. （　　）在《劳动法》中对劳动者纪律和道德观念方面的素质要求是遵守劳动纪律和职业道德。

309. （　　）《食品卫生法》主要涉及食品卫生的监督。

310. （　　）在为宾客引路指示方向时，应用手明确指向方向，面带微笑，眼睛看着目标，并兼顾宾客是否意会到目标。

311. （　　）日本人和韩国人讲究饮茶，注重饮茶礼法，茶艺师为其服务时应注重礼节和泡茶规范。

312. （　　）接待蒙古族宾客，敬茶时应用右手，以示尊重。

313. （　　）茶艺师在接待佛教宾客时，应主动与僧尼握手。

314. （　　）接待身体残疾的宾客时，应安排在适当位置，遮掩其缺陷。

315. （　　）宁红太子茶艺筛水的雅称为"玉泉催花"。

316. （　　）安溪乌龙茶艺的程序共为 12 道。

317. （　　）闽、粤、台流行的"姜茶饮方"是用茶叶、姜和蔗糖调配用水煎熬的调饮茶。

318. （　　）四川峨眉玉液泉"神水"无色透明，无悬浮物，其味颇似汽水。用其和面烙饼、蒸馒头有既不用发酵，也不用碱中和的奇特功效。

319. （　　）把茶叶放在食指和拇指之间能捏成粉末的茶叶含水量都在 6% 以上，保鲜性能好。

320. （　　）根据不同茶具的质地和性能，冲泡红茶宜选配保暖茶具。

321. （　　）遵守职业道德的必要性和作用，体现在促进个人道德修养的提高上，与促进行风建设无关。

322. （　　）茶艺职业道德的基本准则，应包含遵守职业道德原则、热爱茶艺工作、不断提高服务质量等。

323. （   ）茶艺职业道德的基本准则是指热爱茶艺工作，精通业务，追求利益最大化。

324. （   ）提高自己的学历水平不属于培养职业道德修养的主要途径。

325. （   ）劳动者的权益包含享有平等就业和选择就业的权利、取得劳动报酬的权利、休息休假的权利、接受职业技能培训的权利、享受社会保险和福利的权利。

326. （   ）在《劳动法》中对劳动者最基本的素质要求是执行劳动安全卫生规程。

327. （   ）茶叶的保存应注意氧气的控制，茶中多酚类化合物的氧化、维生素 C 的氧化等都和氧气有关。

328. （   ）黑茶按加工法和形状的不同分为条型和片型两类。

329. （   ）冠突曲霉是砖茶中的有益霉菌。

330. （   ）茶叶中的维生素 A、E、K 属于脂溶性维生素。

331. （   ）红茶类属全发酵茶类，其茶叶颜色深红，茶汤呈朱红色。

332. （   ）红茶的呈味物质茶黄素对茶汤起刺激性作用，茶红素对浓度和醇度起作用，而茶褐素使茶汤发暗，不利于品质。

333. （   ）西湖龙井的品质特点是外形扁平光滑，形如"碗钉"，汤色碧绿，滋味甘醇爽。

334. （   ）乌龙茶中武夷水仙叶底不显绿叶红镶边。

335. （   ）黑茶按加工法和形状的不同分为散装和压制两类。

336. （   ）茶树扦插繁殖后代，能充分保持母株高产和抗性的特性。

337. （   ）乌龙茶中白毫乌龙叶底不显绿叶红镶边。

338. （   ）黄茶按鲜叶老嫩程度的不同，分为蒙顶茶、黄大茶、太平猴魁三大类。

339. （   ）白牡丹产于福建政和、建阳、松溪、福鼎等县。

340. （   ）宋代哥窑的产地在浙江龙泉。

341. （   ）哥窑瓷胎薄质，釉层饱满，釉面显现纹片，纹片形状多样。

342. （   ）广彩的特色是在瓷器上施金加彩，宛如千丝万缕的金丝彩线交织，显示金碧辉煌、雍容华贵的气度。

343. （   ）江西景德镇瓷器素有"薄如纸，白如玉，明如镜，声如磬"的美誉。

344. （   ）玻璃茶具的特点：质地透明，光泽夺目，但易破碎，易烫手。

345. （   ）锡作为储茶器具有密封、防潮、防氧化、防光、防异味的优点。

346. （   ）茶船是用来中和茶汤的，使之浓淡均匀。

347. （   ）一般在冲泡乌龙茶时，第一泡浸泡 1 分钟左右将茶汤与茶分离，从第二泡的时间为 75 秒，以此递增。

348. （   ）泡饮普洱茶一般用 95℃ 以上的水温冲泡。

349. （   ）龙井茶冲泡中"凉汤"的作用是预防烫熟茶芽。

350. （   ）泡茶时，先放茶叶，后注入沸水，称为上投法。

351. （   ）品饮凤凰单枞乌龙茶时，茶水比例以 1∶50 为宜。

352. （   ）紫砂壶具有泡茶不失原味，色香味皆韵，茶叶不易霉馊变质，泥色多变，耐人寻味，壶经久用，具有光泽美观等优点。

353. （   ）宁红太子茶艺，茶具的摆设形状是"品"字形。

354. (　　) "流云拂月"是指将茶汤均匀地斟入茶杯。
355. (　　) 茶艺师与宾客对话时，应站立并始终保持微笑。
356. (　　) 茶艺师应有优雅端庄的站姿，给人以热情可靠、落落大方之感。
357. (　　) 巴基斯坦西北地区流行饮绿茶，多数会在茶汤中加糖。
358. (　　) 茶艺师在与信奉佛教宾客交谈时，不能问僧尼法号。
359. (　　) 摩洛哥人酷爱饮茶，中国高档绿茶（珍眉、珠茶）是他们喜爱的茶饮。
360. (　　) 茶艺师服务时，为显示出坦率、开放、诚实，可坐时跷起二郎腿。
361. (　　) 接待印度宾客时，茶艺师应注意不要用左手递物。
362. (　　) 要泡好一杯茶，需要掌握的茶艺六要素：选茶、择水、备器、雅室、冲泡、品尝。
363. (　　) 根据俄罗斯人对茶饮爱好的特点，茶艺师在服务中可推荐一些甜味茶点。
364. (　　) 茶艺师在为信奉佛教宾客服务时，可行合十礼，以示敬意。
365. (　　) 调饮法中，按茶叶作料食用方式可分为食物型和加香型。
366. (　　) 清饮法是以沸水直接冲泡叶茶，欣赏"茶舞"。
367. (　　) 调饮法是通过调节茶汤的浓度，以适应不同口味的需求。
368. (　　) 雨水属于软水。
369. (　　) 陆羽认为二沸的水适宜泡茶。
370. (　　) 唐代饮茶盛行的主要原因是社会鼎盛。
371. (　　) 洞庭碧螺春的滋味型属于鲜醇型。
372. (　　) 太平猴魁外形特点是条索粗壮肥大，色泽乌润或褐红。

参 考 文 献

著作

[1] 蒋筹，管建华，钱茸．中国音乐文化大观［M］．北京：北京大学出版社，2001．
[2] 袁静芳．民族器乐［M］．北京：人民音乐出版社，1987．
[3] 徐凤龙．饮茶事典［M］．长春：吉林科学技术出版社，2006．
[4] 杨易禾．音乐表演艺术原理与应用［M］．合肥：安徽文艺出版社，2003．
[5] 周华斌，朱联群．中国剧场史论［M］．北京：北京广播学院出版社，2003．
[6] 曾遂今．音乐社会学［M］．上海：上海音乐学院出版社，2004．
[7] 杨荫浏．中国古代音乐史稿［M］．北京：人民音乐出版社，1981．
[8] 服部正．环境音乐美学［M］．北京：中国人民大学出版社，1996．
[9] 丁文．中国茶道［M］．西安：陕西旅游出版社，1998．
[10] 普凯元．音乐治疗［M］．北京：人民音乐出版社，1994．
[11] 黄琳华，夏淞洲．艺术概论教程［M］．上海：上海音乐学院出版社，2005．
[12] 王宏建．艺术概论［M］．北京：文化艺术出版社，2000．
[13] 雷欢．跟我学古筝弹唱［M］．长沙：湖南文艺出版社，1999．
[14] 顾兆贵．艺术经济学导论［M］．北京：文化艺术出版社，2004．
[15] 郑巨欣．没事来喝茶．品味茶道［M］．杭州：浙江人民美术出版社，2000．
[16] 郭孟良．中国茶史［M］．太原：山西古籍出版社，2003．
[17] 关剑平．茶与中国文化［M］．北京：人民出版社，2001．
[18] 刘勤晋．茶文化学［M］．北京：中国农业出版社，2000．
[19] 王建荣，郭丹英．中国茶文化图典［M］．杭州：浙江摄影出版社，2006．
[20] 陈云飞，郭丹英，王建荣．茶艺百科知识手册［M］．济南：山东科学技术出版社，2002．
[21] 姚国坤，朱红缨，姚作为．饮茶习俗［M］．北京：中国农业出版社，2003．
[22] 陈挥，吕国利．中华茶文化寻踪［M］．北京：中国城市出版社，2000．
[23] 胡小军．茶具［M］．杭州：浙江大学出版社，2003．
[24] 于良子．茶事百味［M］．杭州：浙江摄影出版社，2005．
[25] 周文棠．茶道［M］．杭州：浙江大学出版社，2003．
[26] 董尚胜，王建荣．茶史［M］．杭州：浙江大学出版社，2003．
[27] 冈仓天心．说茶［M］．上海：百花文化出版社，2003．
[28] 朱永兴，王岳飞．茶医学研究［M］．杭州：浙江大学出版社，2005．

[29] 林乾良,陈小忆. 中国茶疗 [M]. 北京：中国农业出版社,2006.
[30] 姚国坤,美靖发,陈佩珍. 中国茶文化遗迹 [M]. 上海：上海文化出版社,2004.
[31] 柯秋先. 茶书 [M]. 北京：中国建材工业出版社,2003.
[32] 任亚琴. 茶之书 [M]. 北京：中国轻工业出版社,2004.
[33] 伊藤古锰. 茶己禅 [M]. 东京都：春秋社,2004.
[34] 庄晚芳. 中国茶史散论 [M]. 北京：科学出版社,1989.
[35] 叶羽. 茶道 [M]. 哈尔滨：黑龙江人民出版社,2002.
[36] 滕军. 日本茶道文化概论 [M]. 上海：东方出版社,1992.
[37] 王建荣. 茶艺 [M]. 济南：山东科学技术出版社,2003.
[38] 靳飞. 日本茶道古典全集 [M]. 京都：淡交社,1960.
[39] 伊藤古鉴. 茶与禅 [M]. 冬至,译. 天津：百花文艺出版社,2005.
[40] 陆羽. 茶经 [M]. 北京：华夏出版社,2006.
[41] 陈文华. 中华茶文化基础知识 [M]. 北京：中国农业出版社,1999.
[42] 丁文. 大唐茶文化 [M]. 上海：东方出版社,1997.
[43] 浩耕,梅重. 中国茶文化丛书 [M]. 杭州：浙江摄影出版社,1995.
[44] 黄志根. 中国茶文化 [M]. 杭州：浙江大学出版社,2000.
[45] 梁子. 中国唐宋茶道 [M]. 西安：陕西人民出版社,1994.
[46] 阮浩耕,沈东梅,丁良子. 中国历代茶叶全书 [M]. 杭州：浙江摄影出版社,1999.
[47] 施奠东. 品茶说茶 [M]. 杭州：浙江摄影出版社,1999.
[48] 舒玉杰. 中国茶文化今古奇观 [M]. 北京：电子工业出版社,2001.
[49] 王玲. 中国茶文化 [M]. 北京：中国书店,1997.
[50] 余悦. 中国茶文化丛书 [M]. 北京：光明日报出版社,1999.
[51] 张堂恒,刘祖生,刘岳耘. 茶·茶科学·茶文化 [M]. 沈阳：辽宁人民出版社,1994.
[52] 食天心. 茶の本 [M]. 京都：蒲故社,2005.
[53] 寂庵宗泽. 禅茶缘 [M]. 东京：平凡社,1980.
[54] 杜大宁. 佛养心道养性 [M]. 北京：新世界出版社,2007.
[55] 谢洪勇. 茶艺基础 [M]. 上海：上海交通大学出版社,2011.
[56] 张凌云. 茶艺学 [M]. 北京：中国林业出版社,2011.
[57] 杨学富. 茶艺 [M]. 大连：东北财经大学出版社,2015.
[58] 饶雪梅,李俊. 茶艺服务实训教程 [M]. 北京：科学出版社,2008.
[59] 饶雪梅. 茶艺服务与管理 [M]. 2版. 北京：科学出版社,2015.

期刊

[1] 郁茜茜. 散论古筝艺术 [J]. 艺术百家,2004.
[2] 郝军. 试论中国古筝流派 [J]. 福州大学学报：哲学社会科学版,2006.
[3] 谭志词. 拙公语录的编者、版本、内容及文献价值 [J]. 古籍整理研究学刊,2005.
[4] 陈彬藩,余悦,关博文. 中华茶文化经典 [J]. 光明日报,1999.
[5] 杨华. 当代歌唱艺术大众化试析 [J]. 艺术百家,2006.

［6］王欣，钱程．谈高雅音乐与市场的关系［J］．艺术教育，2006．
［7］冯伯阳．商品经济条件下音乐的社会效应［J］．艺圃，1989．
［8］郑文佳．从茶艺的基本精神谈起［J］．茶叶科学技术，2000．
［9］唐玺．音乐元素在商业场所里的巧妙运用［J］．商场现代化，2006．
［10］张小红．论音乐审美的主体品质［J］．湖南学院学报，2006．
［11］曾田力．大众传播媒介中的中国音乐文化［J］．现代传播，2006．
［12］张宏宇．背景音乐的审美价值［J］．沈阳师范大学学报，2004．
［13］王瑞，王丽文．浅议艺术消费的大众性［J］．市场论坛，2006．
［14］苗雨，郭小燕．古典琴歌阳关三叠及其演唱问题［J］．徐州教育学院学报，2005．
［15］余艳．筝乐欣赏应注意形式与意境的结合［J］．襄樊职业技术学院学报，2003．
［16］谢晓滨，姚品文．古代筝乐的文化属性［J］．人民音乐，2002．
［17］张维，一龙．从古典诗词看筝乐的演变［J］．云南艺术学院学报，2006．
［18］包大明．中国茶道漫谈［J］．商场现代化，2007．
［19］刘俊利．漫谈儒家思想与中国茶道精神［J］．茶叶通讯，2004．